KB119110

우주에 관한 호기심이 많은 독자가 원하는 모든 것: 우주에서 가장 큰 개념에 대한 명확하고 간결하면서도 포괄적인 탐구.

**리처드 파넥**Richard Panek, 《**중력 문제**The Trouble with Gravity》 저자

빅뱅은 토니 로스먼이 쉽고 우아하게 다루는 큰 주제다. 장대한 이야기를 갈망하는 사람들을 위해 이 책을 추천한다!

**폴 M. 서터**Paul M.Sutter, 〈**우주인에게 물어보세요**Ask a Spaceman!〉 호스트

흥미로운 우주론 분야를 통한 유쾌한 모험. 로스먼의 책은 과학 애호가라면 누구나 즐길 수 있는 명확하고 명료한 방식으로 주제를 다루고 있습니다. 별 다섯 개!

**돈 링컨**Don Lincoln, **페르미 국립 가속기 연구소의 수석 과학자이자 유튜브 호스트**

토니 로스먼은 유머와 명료함으로 과학의 최고 업적 중 하나인 빅뱅 이론의 배후에 있는 물리학과 철학을 해명한다. 아인슈타인의 웅장하고 고도로 수학적인 중력 이론인 일반상대성 이론의 전문가임에도, 로스먼은 자신의 분야와 그것이 우주 연구에 어떻게 적용되는지를 방정식 없이도 이해할 수 있게 설명할 수 있는 재능이 있다. 우주가 어떻게 오늘날 우리가 목격하는 별이 빛나는 경이로 성장했는지에 대한 명확한 설명에 관심이 있는 사람이라면 반드시 읽어야 할 책이다.

**폴 핼펀**Paul Halpern, 《**창조의 섬광: 조지 가모, 프레드 호일, 그리고 거대한 빅뱅 논쟁**Flashes of Creation: George Gamow, Fred Hoyle, and the Great Big Bang Debate》 **저자**

현대 우주론은 우주의 진화에 대한 매혹적인 이야기를 들려준다. 토니 로스먼은 우리의 사려 깊은 안내자이며, 우리가 빅뱅의 근본적인 본질을 탐구할 때 기존 과학을 추측 이론과 구별하기 위해 항상 주의를 기울이고 있다.

**조지 엘리스**George Ellis, 《**물리학은 어떻게 마음의 기초가 될 수 있는가?**How Can Physics Underlie Mind?》 **저자**

토니 로스먼의 책은 인류가 수 세기 동안 숙고해 온 가장 큰 질문 중 일부를 아름답게 탐구한다. 이 책은 최근 수십 년 동안 우리 우주의 비밀을 밝히는 데 비범한 진전을 이룬 우주론자들이 수행하고 있는 최첨단 작업을 강조한다. 이 책을 읽어라. 영감을 얻을 것이다.

**네타 바호칼**Neta Bahcall, **프린스턴대학교 천체 물리학과 교수**

현대 우주론에 대해 놀랍도록 포괄적인 설명. 토니 로스먼은 우리가 빅뱅에 대해 자신 있게 알고 있는 것을 강조하지만, 또한 현장에서 풀리지 않은 중요한 질문에 대한 통찰력을 제공하여 깊은 수수께끼가 있는 곳으로 우리를 안내한다.

**마이클 스트라우스**Michael Strauss, **《우주로의 간단한 초대**A Brief Welcome to the Universe**》 공저자**

우주의 기원에 대한 간결한 조사…명쾌하고 유익하다.

**미국 서평지 《커커스**Kirkus**》 리뷰**

이 주제에 대한 최신 과학적 사고를 통해 일반인과 전문가 모두를 안내하는 것을 목표로 한다. … 유용한 유추, 몇 가지 간단한 다이어그램 및 매우 적은 수학으로 복잡한 아이디어를 명확하게 설명한다. … 이 책은 크기가 작아 보일 수 있지만《닥터 후》의 TARDIS(드라마《닥터 후》와 그 스핀오프 작품《토치우드》,《사라 제인 어드벤처》 등에 등장하는 차원 초월 시공 이동 장치-옮긴이)와 매우 유사해서 내부는 훨씬 더 크다.

**제니 윈더**Jenny Winder, **천문학 작가 겸 방송인**

일반 독자를 대상으로 쓴 이 과학책은 이제까지 쓰여진 최고의 책 중 하나다. 첫째, 저자는 우주론 분야에서 일하는 전문 물리학자다. 둘째, 그는 매우 접근하기 쉬운 방식으로 다양하고도 일반적인 문화적 관심사에 관해 써온 다작의 작가다.

이 책은 간결하지만, 우리 우주가 어떻게 생겨났고 어떻게 지금의 모습이 되었는지에 관한 최신 연구까지 포괄하는 완전한 관점을 제공한다. 어떻게든 그는 수학 없이 통상적인 그림과 현실의 문제를 통해 독자를 이해시키는 데 성공한다. 신중하게 구성한 문장과 몇 장의 그림만 있으면 된다. 나는 스스로 많은 것을 배웠다. 이 책은 과학에 관심이 있는 모든 사람에게 훌륭한 선물이 될 것이다.

**엘리엇 리브**Elliott Lieb, **프린스턴대학교 히긴스 물리학 교수 겸 수학 명예교수**

# 빅뱅의
# 질문들

우주의 탄생과 진화에 관한 궁극의 물음 15

# 빅뱅의
# 질문들

**토니 로스먼** 지음
**이강환** 옮김

한겨레출판

역자 서문

# 신화에서 과학으로,
# 우주론이 알아낸 것과 알아내야 할 것

우주는 어떻게 시작되었을까? 그리고 어떤 역사를 거쳐 왔으며 앞으로는 어떻게 될까? 우주에 있는 개별 은하나 별을 다루기보다는 우주 전체의 탄생과 진화를 연구하는 학문 분야를 우주론이라고 한다.

인류에게 우주론은 사실 언제나 있었다. 다양한 신이 등장하기도 하고 층층이 쌓인 거북이가 등장하기도 한다. 이처럼 인류는 신과 같은 초자연적인 존재를 통해 우주를 설명하려고 했다. 하지만 과학자들은 영원히 신화의 영역으로만 남을 것 같았던 우주의 탄생과 진화를 과학의 영역으로 끌어들였다.

1929년 천문학자 에드윈 허블이 우주가 팽창한다는 사실을 발견하면서 우주론은 과학이 되었다. 사실 허블이 발견한 것은 멀리 있는 은하가 더 빠르게 멀어진다는 사실이었다. 이것을 우주의 팽창으로 해석한 것이 아인슈타인의 일반 상대성 이론이다.

일반상대성 이론은 중력을 힘이 아니라 시공간의 휘어짐으로 설명한다. 일반상대성 이론 방정식을 이용하면 질량과 에너지의 분포에 따라 시공간이 어떻게 휘어지는지 정확하게 계산할 수 있고, 휘어진 시공간을 따라 물질이 어떻게 움직이는지 알 수 있다. 노벨 물리학상 수상자인 리처드 파인먼과 킵 손의 지도교수인 존 휠러는 "물질은 공간에게 어떻게 휘어지라고 말하고, 공간은 물질에게 어떻게 움직이라고 말한다"라는 말로 일반상대성 이론을 요약했다.

우주가 팽창하고 있다면 우주가 점점 커지고 있다는 말이므로 시간을 과거로 돌리면 우주가 점점 작아질 수 있다. 그렇다면 과거의 어느 시점에서는 우주가 한 점으로 모이는 것도 가능하지 않을까? 이렇게 우주가 과거의 어느 시점에 한 점에서 시작되었다는 이론이 빅뱅 이론이다.

빅뱅 이론은 1940년대 후반 물리학자 조지 가모와 동료들이 제안하였다. 빅뱅 직후 뜨거운 우주에서 수소가 헬륨을 비롯한 가벼운 원소들로 합성된다는 원시 핵합성 이론을 제안한 것이었다. 이들의 이론은 이후 관측으로 검증되면서 빅뱅 이론의 강력한 근거가 되었다.

빅뱅 이론을 우주론의 정설로 만든 결정적인 근거는 1964년 우주배경복사의 발견이었다. 우주가 한 점에서 시작했다면 초기 우주는 아주 뜨거웠을 것이다. 그렇게 뜨거운 우주에서는 수소가 원자를 이루지 못하고 양성자와 전자로 분리된 플라스마 상태였다. 빛은 플라스마를 통과하지 못하기 때문에 초기 우주의 빛은 플라스마에 갇힌 상태였다.

우주가 팽창하면서 온도가 내려가면 분리되어 있던 양성자와 전자가 서로 결합하여 수소 원자가 된다. 빛은 중성 원자와는 상호작용을 잘 하지 않기 때문에 플라스마에 갇혀 있던 빛이 자유롭게 우주를 가로질러 나아간다. 이때 방출된 빛인 우주배경복사가 관측되면서 빅뱅 이론은 우주론의 표준 모형이 되었다.

우주배경복사는 우주가 한 점에서 시작되었다는 증거
이기 때문에 우주 전체에서 거의 완벽하게 균일하다. 하지만
우주배경복사가 완벽하게 균일하다면 별과 은하들이 만들어
질 수가 없었을 것이다. 아주 작은 밀도 차이가 반드시 존재
해야만 했는데, 이 미세한 밀도 차이는 1992년 COBE 우주
망원경에 의해 발견되었다.

빅뱅 이론이 우주론의 표준 모형이 되긴 했지만, 여전히
해결하지 못한 문제는 많이 남아 있었다. 대표적인 것은 우
주가 특별한 이유 없이 완벽하게 평평하다는 평평성 문제,
서로의 지평선 너머에 있었던 지역이 온도가 거의 똑같다는
지평선 문제 등이었다. 이런 문제를 해결하기 위해서 빅뱅
후 $10^{-36}$초에서 $10^{-32}$초 사이에 우주가 급격히 팽창했다는 인
플레이션 이론이 우주론의 표준 모형에 포함되었다.

우리가 우주에서 관측하는 별과 은하들은 우리 태양계
를 이루는 물질과 같은 보통 물질로 이루어져 있는데, 우주
에 있는 보통 물질의 양은 우주의 진화 과정을 설명하기에는
너무나 적다. 우주에는 중력으로만 존재를 드러내고 어떤 방

법으로도 관측할 수 없는 암흑물질이 보통 물질보다 훨씬 더 많이 있다.

1998년에는 우주의 팽창 속도가 점점 빨라지고 있다는 사실이 발견되었다. 빅뱅으로 팽창을 시작한 우주는 내부에 있는 물질들이 당기는 중력 때문에 팽창 속도가 점점 느려질 것으로 예상되었다. 그런데 팽창 속도가 얼마나 느려지고 있는지 관측하려는 시도는 오히려 우주의 팽창 속도가 점점 빨라지고 있다는 발견으로 이어졌다. 우주의 팽창을 가속하는 특별한 에너지가 필요하게 되어 이것을 암흑에너지라고 부르게 되었다.

현대 우주론이 조금씩 발전하면서 우주론의 표준 모형은 빅뱅, 인플레이션, 암흑물질, 암흑에너지를 포함하는 모형으로 정립되었다. 우주론의 표준 모형을 가장 강력하게 뒷받침하는 근거도 역시 우주배경복사다. 우주배경복사의 미세한 온도 변화에는 초기 우주의 흔적이 남아 있는데, 이 흔적을 분석하면 우주의 물리량(길이, 시간, 질량 등 물질계의 성질이나 상태를 나타내는 양)을 알아낼 수 있다. 우주의 나이를 138억 년이라는 정확한 값으로 알게 해준 것도 우주배경복사다.

우주론의 표준 모형이 정립되긴 했지만, 우리가 가진 답
이 정답이라고 확신할 수는 없다. 암흑물질과 암흑에너지의
정체는 아직 알지 못하고, 무엇보다 인플레이션의 증거가 관
측되지 않았다. 현재의 우주론을 뒷받침하는 이론은 일반상
대성 이론이지만 우주 탄생 직후의 순간에는 일반상대성 이
론을 적용할 수 없다. 우주의 깊은 비밀을 밝히기 위해서는
일반상대성 이론과 양자역학을 함께 아우를 수 있는 양자중
력 이론이 필요하다.

불과 100년 정도의 시간 동안 인류는 신화의 영역이었
던 우주론을 과학의 영역으로 끌어들인 후, 우주에 대한 많
은 사실을 알게 되었다. 하지만 아직 모든 답을 알게 된 것은
아니기 때문에 우리가 알아내야 할 것은 여전히 많이 남아
있다. 이 책은 지금까지 인류가 우주의 탄생과 역사에 대해
알아낸 사실들과 앞으로 알아내야 할 것이 무엇인지를 보여
주는 좋은 길잡이가 될 것이다.

**들어가며**

# 왜 아무것도 없지 않고 뭔가가 있을까?

이 책은 상상할 수 있는 가장 큰 주제를 다룬 작은 책이다. 바로 빅뱅이다. 텔레비전 쇼에 관한 책이 아니라 우주론cosmology에 관한 책이다. 우주론자들에 따르면, 우주론은 우주 전체의 구조와 진화에 대해 연구하는 학문이다. 20세기를 지나면서 우주론은 점차 초기 우주에 대한 연구를 의미하게 되었다. 은하들의 기원에 대한 연구, 가장 가벼운 화학 원소들에 대한 분석, 공간 전체를 채우고 있는 열 복사* 관측, 우리가 직접 볼 수 없는 이상한 현상인 암흑물질과 암흑에너지에 대한 탐사가 그것이다. 일반적으로 우주론자들은 우리 우

---

\*    온도를 가진 물체에서 방출되는 빛을 가리킨다.(옮긴이)

주의 첫 시대, 첫 몇 년, 심지어 우주가 태어난 직후 1초도 지나지 않은 짧은 시간에 관심이 있다. 우주론은 정확하게 우주의 기원, 즉 빅뱅에 관한 이론이다.

우주론을 파고 들어가면 이따금 물리학자와 철학자가 만나는 지점이 생긴다. 이것은 어느 정도 피할 수 없는 사실이다. 궁극적으로, 모든 과학은 질문을 하고 그 질문에 대한 답을 찾는 것이다. 질문을 충분히 멀리 밀고 나가면 결국에는 더 이상 답을 할 수 없는 지점에 닿게 된다. 우주론은 특히 이런 곤란에 빠지기 쉽다. 빅뱅에 관한 대화를 하게 되었을 때, 우주론자가 아닌 (대부분의) 사람들이 처음 하는 질문은 "빅뱅 전에는 무엇이 있었나요?"다. 이것은 자연스럽고 타당한 질문이지만, 현재로서는 답이 없다. 아마도 우리 세대가 지난 뒤에도 마찬가지일 것이다.

그럼에도 불구하고 나는 비전문가를 포함한 다른 사람들이 묻는 질문을 던지고, 그에 대해서 내가 할 수 있는 가장 단순한 방법으로 답을 해보려 한다. 이 책은 주로 과학에 호기심은 있지만 과학이나 수학의 배경 지식은 부족한 사람들을 위한 것이다. 따라서 과학자 동료들은 엄밀함이나 완전성이 부족하다고 생각하겠지만, 나의 목표는 최대한 많은 영역을 다루는 것이 아니다. 오히려 가능한 한 작은 영역을 보여주는 것이다.

그러기 위해 나는 전문 용어를 최소한으로 유지하려고 노력했고, 누구나 만족시킬 수 있을 만큼 숫자는 충분하겠지만 한 줄을 넘는 복잡한 방정식은 없을 것이다. 그런 것은 각주로 밀어냈는데, 어차피 별로 많지도 않다. 그리고 독자들이 기본적인 그래프를 이해할 수 있고 꽤 자세한 설명을 따라올 의지가 있다고 가정할 것이다. 한편, 나는 알베르트 아인슈타인Albert Einstein이 절대 한 적 없는 수많은 명언 중 하나에 동의한다. "최대한 단순해야 하지만 너무 단순해서는 안된다." 시간이 지날수록 나는 어떤 것에는 더는 단순해질 수 없는 수준이 있다고 확신하게 되었다. 우주론에서는 주로 우주론의 수학적인 성질 때문이다. 수학을 이해 가능한 물리적 개념으로 설명할 수 없다면, 나는 시도하지도 않을 것이다.

이 책에는 진짜 수학과 비슷한 것은 전혀 없지만, 이 책의 목표 중 하나는 현대 우주론이 아주 튼튼한 기반 위에 지어진 훌륭한 체계라는 것을 독자들에게 확신시키고 독자들을 우주론 신봉자가 되게 하는 것이다. 그것을 목표로 하기 때문에 각 장은 대체로 이전의 내용에 기반을 두고 있다. 독자들은 이 책을 처음부터 읽어야 한다. 요점에만 관심이 있다면 점점 견디기 어려워질 것이다.

앞에서 말했듯이 우주론은 심오한 질문을 불러일으킨다. 현대 빅뱅 이론의 개념적 이해를 탐험하는 데 있어서 나의 희망은 그런 질문들을 피하지 않는 것이다. 한 멘토가 이런 충고를 했다. "바보 같은 질문을 하면 바보처럼 느껴질 것이다. 바보 같은 질문을 하지 않으면 계속 바보로 남을 것이다."

어쩔 수 없이, 책이 진행될수록 답보다 질문이 많아질 것이다. 결국 생각할 수 없는 것을 생각하는 것은 "빅뱅 전에는 무슨 일이 있었나?"에서 시작해 궁극적인 난제인 "왜 아무것도 없지 않고 무언가가 있을까?"로 가는 짧은 도약이다. 사람들이 수천 년 동안 합의 없이 이런저런 방식으로 이 질

문을 계속해온 상황에서, 여기서 그 답을 찾기를 기대하는
것은 합리적이지 않다. 실제로 어느 우주론자에게 이 질문을
던지더라도 들을 수 있는 답은 "모른다"뿐일 것이다. 더 쉬
운 질문은 이것이다. "텔레비전 쇼에서 하얀 칠판에 적힌 저
방정식들에 뭔가 의미가 있는 것인가요?" 그 답은 '그렇다'
이다. 개인적으로, 우주론자들은 그럴싸하게 보이는 질문에
답하는 데 익숙하지 않다.

✳

이 책은 일반 독자들을 위한 것이기 때문에 나는 방정식
보다는 비유를 사용할 것이다. 이것은 위험한 일이다. 모든
비유는 언젠가는 무너지기 때문이다. 비유는 이론과 마찬가
지로 현실의 모형이지 실제 현실이 아니다. 빅뱅의 경우 우
주론자들은 팽창하는 우주의 어떤 성질을 설명하기 위해서
흔히 풍선을 예로 들지만, 실제 우주는 풍선이 아니므로 이
비유는 불완전하다. 비유를 할 때는 비유와 실제를 확실하게
구별하는 것이 핵심이다.

나는 이론theory이라는 단어를 벌써 여러 번 썼다. 과학자들이 이 용어를 사용할 때는 일상생활에서 사용하는 것과 다른 의미를 지닌다는 것을 강조해야겠다. 방송에서는 흔히 검사가 범죄에 대해서 어떤 이론을 가지고 있고, 방어하는 변호사는 검사가 엉터리라는 이론을 가지고 있다고 말한다. 이 경우는 보통 증거가 전혀 없는 추측이고, 상황은 너무 자주 바뀌어서 이해하기가 어렵게 된다.

반면에 물리학 이론은 수학으로 정리되고 실험과 관측 증거로 강력하게 뒷받침되는, 서로 밀접하게 연결된 생각과 예측의 그물이다. 우주론자들이 빅뱅 이론이라고 말하면 그것은 바로 그 예측과 관측의 그물을 말하는 것이다. 빅뱅 이론의 요소들은 이제 한 세기 내내 엄격한 검증을 거쳤고 너무나 많은 정밀한 관측이 전체적인 그림을 뒷받침하기 때문에, 일부 우주론자들은 자신들이 하는 일이 기초 연구라기보다는 이미 공학을 닮아 있다고 느낀다. 현대 우주론을 믿으라.

✳

    하지만 우주론과 다른 대부분의 과학에는 근본적인 차이가 있다. 관측 가능한 우주는 하나뿐이라는 것이다. 대부분 과학의 핵심은 실험과 재현이다. 제약 회사는 여러 방식의 임상시험을 통해 백신을 시험한다. 그 결과가 전 세계 과학자들에 의해 재현되지 않으면 백신은 믿음을 얻을 수 없다. 우주론자들은 적어도 현재로서는 다중우주에 대한 실험을 수행할 방법이 없기 때문에 우주가 지금과 다르게 시작되었다면 어떤 모습일지 확실하게 이야기할 수가 없다.

    우주론자들이 모든 것을 말할 수는 없다 해도 아무것도 말할 수 없는 것은 아니다. 우리에게 하나의 우주밖에 없다는 사실은 우주 전체를 고려하고 궁극적인 질문에 답하기를 어렵게 만들 뿐이다. 말할 것이 부족한 우주론자들은 그들의 가까운 사촌인 천문학자들이 수집한 자료와 관측 자료를 끌어온다. 천문학자들은 전통적으로 지상의 망원경이나 지구 근궤도를 도는 망원경을 이용하여 행성, 항성(별), 은하 들의 행동을 조사해왔다. 물론 천문학자들은 땅에 묶여 있고 그럴 수밖에 없다. 어떤 우주선이나 망원경도 다른 은하는 고사하고 가장 가까이에 있는 별 근처까지도 가본 적이 없다. 이 말은 천체들에 대한 실험을 수행하는 것이 불가능하다는 뜻이다. 그렇기 때문에 천문학을 관측 과학이라고 부르는 것은 충분한 이유가 있다.

하지만 모든 천문학의 가정은 기본적인 물리 법칙은 우주 전체에서 똑같다는 것이다. 우주론자와 천문학자의 또 다른 사촌인 천체물리학자들은 이 법칙들을 별과 은하들의 행동을 해석하는 데 적용해왔다. 우주 탐사선을 먼 우주로 보내는 것은 현실적이지 않기 때문에, 적어도 우리 문명이 지속되는 동안 우리는 먼 우주에서 우리에게 정보를 가져다주는 빛을 비롯한 다른 전달자들에 의존해왔다. 사실 자연의 법칙이 우리가 알고 있는 그대로 어디에서나 적용된다는 가정에 따라 어디에도 가보지 않고 우주에 대해서 이렇게 많은 것을 알 수 있게 되었다는 것은 현대 과학의 가장 위대한 성과 중 하나다. 우리가 알고 있는 물리학 법칙이 전체 우주에 어느 정도까지 적용될지는 의문으로 남아 있다.

　우주론자들은 천문학자나 천체물리학자들과 같은 접근 방법으로 우주의 진화를 재구성하려고 한다. 펜과 종이, 혹은 컴퓨터를 이용하여 수학적으로 일관된 방식으로 정립된 물리학을 적용함으로써 그들이 연구하고 있는 시스템의 모형을 만들고 그 결과가 관측과 일치하는지 확인하는 것이다. 그 시스템은 은하단*이 될 수도 있고, 우주 전체가 될 수도 있다. 모형의 예측치가 관측과 일치하면 우리는 맥주를 마시러 간다. 일치하지 않으면 수학적인 오류를 찾는다. 수학적인 오류를 찾지 못하면 개념적인 오류를 찾는다. 결국 어떤 모형도 관측과 일치하지 않으면 새로운 현상을 추가해본다. 새로운 현상으로 결과가 더 좋아지면 우리는 관측하는 동료들에게 그것을 찾아보라고 부탁한다.

　과학자들이 함부로 하지 말아야 하는 일은 좀더 평범한 설명이 다 없어지기 전에 현재의 모형에 특이한 현상을 추가

---

＊　수백 개에서 수천 개의 은하가 모인 집단을 의미한다.(옮긴이)

하는 것이다. 빅뱅 직후 최초의 순간을 생각할 때는, 흠….

*

이 지점에서 독자들은 정확하게 어디에서 천문학과 천체물리학이 끝나고 우주론이 시작되는지 궁금할 것이다. 정확한 경계는 없고, 일반적으로 이 중 한 분야에서 일하는 과학자는 다른 분야에 대해서도 꽤 잘 알고 있다. 그 차이는 주로 규모scale라고 할 수 있다. 앞에서 말했듯이 천문학자와 천체물리학자는 전통적으로 별, 행성, 은하, 그리고 최근에는 은하단, 그리고 더 나아가 초은하단*의 행동에 관심이 있다. 우주론자는 초은하단 정도의 규모에서 시작하는, 상상할 수 있는 가장 큰 그림을 그리고, 이것이 어떻게 우리가 관측하는 우주의 모습을 띠게 되었는지 묻는다. 은하들의 행동을 결정하는 물리학은 별에 대한 물리학과 같지만, 이 책에서는

---

*    은하들이 모인 은하군과 은하단이 모여서 만들어진 초대규모의 은하 집단을 가리킨다.(옮긴이)

별이나 행성에 대해서는 다루지 않을 것이다. 그리고 매력적이긴 하지만 블랙홀도 거의 다루지 않을 것이다. 우주론적인 관점에서 볼 때 이런 천체들은 중요하게 다루기에는 너무 작다.

우주론자에게는 다양한 천문학적인 규모를 항상 염두에 두는 것이 크게 도움이 된다. 이 책에서 나는 빛이 이동하는 시간으로 거리를 측정하는 천문학의 표준적인 방법을 사용할 것이다. 빛이 태양에서 지구까지 이동하는 데 약 8분이 걸린다는 사실은 아마도 알 것이다. 이것을 10분이라고 하자. 그러면 지구는 태양에서 약 10광분 거리에 있다고 말할 수 있다. 이런 식으로 1광년은 간단하게 빛이 1년 동안 이동하는 거리다. 천문학자들은 광년을 마일이나 킬로미터로 환산하지 않고, 독자들도 그래서는 안 된다. 그저 우주의 규모에 대한 느낌을 익히는 것이 더 좋다.

태양에서 가장 가까운 별까지의 거리는 4광년이다.

우리은하의 지름은 대략 10만 광년이다.

은하단을 가로지르는 거리는 수백만 광년이다.

초은하단의 크기는 수억 광년이다.

관측 가능한 우주의 크기는 약 140억 광년이다.

✴

이것이 이 책이 다루는 우주론의 규모다.

**이 책이 눈화장이나 마스카라에 대한 충고를 해줄 수 있냐고? 없다.**\*

---

\*    우주론을 뜻하는 영어 단어 cosmology가 미용을 뜻하는 단어 cosmetic과 어원이 같다는 것을 이용한 농담으로 보인다.(옮긴이)

# 차례

# 1장
# 중력, 호박, 그리고 우주론

우주론은 중력gravity이 어떻게 우주 전체의 진화를 결정하는지를 연구하기 때문에 우주론을 이해하려면 중력을 이해해야 한다.

중력은 지금까지 알려진 자연의 힘 중에서 가장 약하다. 물리학자에게 힘이란 물체를 밀거나 당기는 힘일 뿐이다("어둠의 힘" 같은 것은 없다). 물리학자들이 물리학을 모든 과학에서 가장 기본이 되는 것이라고 말하는 이유 중 하나는 수백 년에 걸쳐 자연에는 단 4개의 기본 힘밖에 존재하지 않는다는 사실을 알아냈기 때문이다. 그중 하나인 *강한핵력*strong nuclear force은 가장 강한 자연의 힘으로, 원자의 핵을 붙들고 있다. 모든 원자핵은 양성자와 중성자*로 이루어져 있다. 만약 강

한핵력이 이들을 묶어주지 않으면 양의 전하를 가지는 양성
자들의 서로 밀어내는 전기력 때문에 원자핵이 쪼개져버릴
것이다. 강한핵력과 관련된 힘이 바로 원자폭탄에서 방출되
는 에너지다. 하지만 강한핵력은 우주론에서 보기에는 너무
나 작은 원자핵 안에서만 작용한다.

두 번째 기본 힘은 *약한핵력*weak nuclear force이다. 강한핵
력보다 수십억 배 약한 이 힘은 특정한 형태의 방사성 붕괴
를 관장한다. 특별히 무거운 수소인 삼중수소는 방사성이 있
고, 붕괴하면 헬륨이 된다. 이때 붕괴 비율은 약한핵력으로
결정된다. 하지만 강한핵력과 마찬가지로 약한핵력도 우주
론 규모에서는 중요하지 않은 원자핵 안에서만 작용한다.

일상생활에서 가장 중요한 힘은 전기력과 자기력이다.
사실 이들은 하나의 힘인 *전자기력*electromagnetic force의 두 측
면이다. 이 힘은 모든 화학 반응을 비롯해 토스터나 스마트
폰에서 오늘날 우리가 당연하게 여기는 모든 것까지, 전기를

---

\*    양성자와 질량은 거의 같고 전하는 중성인 입자를 의미한다.

필요로 하는 모든 기기에서 작용한다. 전자기력은 현대 문명의 기반이다. 하지만 전기력과 자기력을 만들기 위해서는 전기를 지녀야 한다. 행성과 같은 천체들은 전기적으로 중성이기 때문에 서로에게 전기력이나 자기력을 미치지 않는다.

모든 물체는 서로를 중력으로 당긴다. 그런데 중력은 상상하기 힘들 정도로 약하다. 지구 전체가 당기는 힘이 냉장고에서 자석을 떼어내지 못하는 것을 보면 중력이 전자기력에 비해 얼마나 약한지 알 수 있다. 물리학자들의 방식으로 말하면, 수소 원자핵인 양성자 둘 사이에서 작용하는 중력은 서로 밀어내는 전기력보다 $10^{36}$배 약하다. 가전제품을 만들 때, 공학자들은 중력은 전혀 신경 쓰지 않는다.

하지만 핵력은 원자핵 안에서만 작용하고, 천체들은 전기적으로 중성이기 때문에 가장 약한 힘인 중력이 우주의 운명을 결정하는 힘이 된다.

✳

현대의 중력 이론은 알베르트 아인슈타인의 일반상대성

이론general theory of relativity이다. 이것은 흔히 가장 아름다운 과
학 이론으로 꼽히는데, 맞는 말이다.

피상적인 수준에서 일반상대성 이론은 약 400년 전 아
이작 뉴턴Isaac Newton이 고안한 중력에 관한 이론을 정교하게
다듬은 것일 뿐이라고 간주할 수 있다. 뉴턴의 중력 이론은
두 물체 사이의 중력이 물체들의 질량과 서로 간의 거리에
의해 어떻게 결정되는지 보여주는 단 하나의 영원한 방정식
으로 이루어져 있다. 그 의미를 이해하기 위해 방정식을 굳
이 써볼 필요도 없다. 각 물체의 질량과 거리만 알면 서로에
미치는 중력을 정확하게 결정할 수 있다.*

앞에서 나는 물리학에서 힘이란 그저 밀거나 당기는 것
이라고 말했다. 더 정확하게는, 힘은 물체의 속도를 변화시
키는 것, 다른 말로 가속시키는 것이다. 피아노의 움직임이

---

\*      참고로, 뉴턴의 법칙에서 질량 $m_1$, $m_2$인 두 물체 사이의 중력 $F$는
$Gm_1m_2/r^2$이다. 여기서 $r$은 두 물체 사이의 거리, $G$는 중력상수다. 중력상수
는 중력의 세기를 결정하는 값으로, 실험실에서 측정되어야 한다.

빨라지거나 느려지면 힘이 작용한 것이다. 피아노가 일정한 속도로 움직이고 있으면 힘이 작용하지 않는 것이다.

뉴턴에 따르면, 물체에 작용하는 힘을 알면 가속도를 알 수 있고, 그러면 물체의 움직임을 완벽하게 예측할 수 있다. 그러니까 만일 우주에 있는 모든 별의 질량과 서로 간의 거리를 알면 우주의 미래뿐만 아니라 과거까지, 우주에 대한 모든 것을 알 수 있을 것이다. 이런 이유로 뉴턴의 우주는 종종 시계 장치와 비교된다. 대부분의 경우는 그렇다.

*

뉴턴의 중력 이론은 평범한 상황에서 너무나 잘 작동하기 때문에 200년 동안 천문학자들은 이 이론이 태양계의 움직임을 완벽하게 설명한다고 믿었다. 19세기 중반에 그렇지 않을 수도 있다는 첫 번째 힌트가 나타났다. 다른 모든 행성과 마찬가지로 수성은 태양 주위를 타원 궤도로 돈다. 태양계에 태양과 수성만 있다면 수성이 태양에 가장 가까이 접근하는 지점인 근일점은 항상 고정된 지점에 있을 것이다. 그

런데 천문학자들은 수성의 근일점이 시간에 따라 조금씩 이
동하는 것을 관측했다. 계산을 해보면 태양계의 다른 행성들
이 당기는 중력이 이 이동의 대부분을 설명할 수 있지만, 미
세한 양이 도무지 사라지지 않았다. 이 불일치를 설명하기
위해 많은 이론이 제안되었지만, 기계 속의 유령은 반세기가
넘도록 의문으로 남아 있었다.

20세기 초 아인슈타인이 일반상대성 이론을 연구하기
시작했을 때 수성의 근일점 이동을 제외하고는 뉴턴의 중력
이론이 맞지 않을 수 있다는 관측 증거는 없었다. 하지만 제
임스 클러크 맥스웰James Clerk Maxwell의 전자기장 이론theory of
electromagnetic field이 있었다.

먼저, 뉴턴의 이론은 입자와 힘에 대한 이론이라는 것을
이해해야 한다. 2개의 호박이 놓여 있다. 이것은 두 입자가
서로에게 중력을 미치고 있는 것으로 생각할 수 있다. 마찬
가지로, 지구와 달은 공간을 가로질러 서로에게 중력을 미치
는 2개의 입자로 생각할 수 있다. 두 경우 모두 뉴턴의 중력
이론은 힘이 한 입자에서 다른 입자로 어떻게 이동하는지 설

명하지 않는다. 이런 이유로, 뉴턴의 중력은 흔히 원격 작용 action at a distance이라고 불린다. 작용action은 뉴턴 시대에 힘을 이르는 말이었다.

똑같이 중요한 것은 두 물체 사이의 중력은 명백하게 순간적으로 전달된다는 것이다. 만일 태양이 사라진다면 행성들은 궤도를 돌 대상이 없기 때문에 어떤 식으로든 순식간에 우주로 날아갈 것이다.

✳

호박이 바닥에 놓여 있지 않고 연못에 떠 있다고 생각해 보자. 우리는 그림이 달라졌다는 것을 바로 알 수 있다. 연못의 물은 엄청난 수의 분자들로 이루어져 있지만, 이들은 너무나 작기 때문에 우리는 분자들의 존재는 잊어버리고 물이 각 점에서 특정한 밀도와 압력을 가지고 있다고 생각한다. 밀도와 압력은 개별적인 입자들과는 상관없는 "덩어리" 양이다. 이것은 장field의 핵심적인 성질이다. 방에 있는 공기도 장으로 간주할 수 있다. 트램펄린의 탄력 있는 표면도 마찬가지다. 벌 떼도 많은 면에서 장을 닮았다.

장이라는 그림은 힘이 전달되는 자연스러운 메커니즘을 보여준다. 호박들이 아래위로 움직이면 작은 요동이 만들어지고, 이것은 물의 파동 형태로 연못을 가로질러 이동한다. 이 파동들은 지엽적인 요동이 유한한 속도로 물의 장을 통과하여 이동하는 것이다. 반면 뉴턴의 중력 이론에서는, 힘이 무한히 빠르게 텅 빈 공간으로 전달되는 것으로 상상해야 한다.

"이의 있습니다!" 당신은 예의 바르게 외친다. 지구와 달 사이의 중력에는 파동이 관여하지 않잖아요. 사실이다. 모든 비유는 무너진다. 물체들 사이의 영구적인 중력을 생각할 때는 힘을 생각하든 장을 생각하든 별문제가 없다. 자석 위에 놓인 종이에 철 가루를 뿌려본 적이 있다면 자기장의 모양을 꽤 직접적으로 상상할 수 있다. 전체적으로, 장이라는 그림은 너무나 강력해서 사실상 현대의 모든 기본 물리학 이론은 장 이론field theory이다. 장의 개념 없이는 전자기파와 중력파를 서술하는 것이 사실상 불가능하다.

정확하게는, 맥스웰이 전기장과 자기장을 설명하는 법칙
들을 생각했을 때, 그는 이 장들이 전자기파의 형태로 진공
속을 초속 $3 \times 10^8$미터로 이동함을 증명했다.* 1865년에 발표
된 맥스웰의 발견은 놀라운 것이었다. 그 속력은 당시 이미
정확하게 측정되어 있던 빛의 속력과 거의 같았기 때문이다.
결론은 "거의 피할 수 없다"라고 그는 썼다. 빛 자체가 무한
한 속도가 아니라 초속 $3 \times 10^8$미터로 이동하는 전자기파라
는 것이었다. 19세기 물리학의 가장 위대한 이론적 승리인
맥스웰의 예측은 몇십 년 후 전파의 발견으로 증명되었다.

20세기에 들어오면서 많은 물리학자가 맥스웰의 전자
기학에 기반해 중력의 장 이론을 만들려고 시도했지만 모두
실패했다. 중력은 전자기력과 다르게 행동했기 때문이다. 아

---

* 과학적 표기법은 물리학과 천문학에서 필수적이다. 여기에 익숙하
지 않은 사람들을 위해 설명하자면, 1 뒤에 몇 개의 0이 붙는지는 10의 지수
로 표현한다. 그러니까 10은 $10^1$, 100은 $10^2$, 1,000은 $10^3$으로 쓸 수 있다. $3 \times$
$10^8$은 300,000,000이고, 이것은 우리가 과학 표기법을 사용하는 이유를 보여
준다.

인슈타인은 그 차이를 처음으로 이해하고 중력을 처음으로 올바르게 설명한 사람이다. 그가 일반상대성 이론이라고 부른 그의 이론이 중력을 어떻게 설명하는지 이해하기 위해서는 먼저 그가 좀더 일찍 만들어서 일반상대성 이론의 출발점이 된 이론을 이해해야 한다. 바로 특수상대성 이론special theory of relativity이다.

**어떤 것이 상대적이고, 어떤 것이 상대적이지 않은가?**

# 2장
# 특수상대성 이론

1820년대부터 자연철학자들은 전기와 자기가 밀접하게 연관되어 있다는 것을 알고 있었다. 전류는 자기장을 만들고 자기장은 전류를 만든다. 맥스웰은 이 일이 일어나는 과정을 자신의 전자기 이론으로 정확하게 보여주었다. 아인슈타인은 특수상대성 이론을 만들면서 전기와 자기는 연관되어 있을 뿐만 아니라 같은 현상의 다른 측면이라는 것을 보여주었다. 그 과정에서 그는 뉴턴의 물리학이 수정되어야 한다는 것을 발견했다.

하지만 아인슈타인은 "모든 것은 상대적이다"라는 유명한 말에 절대 동의하지 않았을 것이다. 기본적으로 사실상 모든 물리학은 운동을 다루며, 상대성 이론의 핵심 질문

은 "뭔가의 운동 상태가 변할 때 어떤 것이 변하고, 어떤 것
이 그대로 유지되는가?"다. 어떤 것이 변할 때 어떤 것은 그
대로 유지되기 때문에 상대성 이론은 "절대성 이론theory of
absolute"이라고 불려도 똑같이 정확하고, 실제로 처음에는 그
렇게 제안되었다.

상대성 이론에서 절대적으로 중요한 것은 빛의 속력이
다. 전자기파가 진공에서 초속 $3 \times 10^8$미터로 이동한다는 맥
스웰의 발견에서 이상한 것은, 지금은 $c$로 표시되는 이 숫자
가 그의 방정식에서 그냥 튀어나온다는 사실이다. 우리가 기
차나 야구공의 속도를 측정할 때 실제로 측정하는 것은 언
제나 다른 물체에 대한 속도다. 들판에 서 있으면 기차가 땅
에 대해서 시속 100킬로미터로 동쪽으로 움직이는 것을 볼
수 있을 것이다. 하지만 그 기차 옆에 나란하게 시속 75킬로
미터로 움직이는 차에서는 기차가 시속 25킬로미터로 움직
이는 것으로 보일 것이다. 우리가 측정하는 어떤 물체의 속
도는 항상 우리가 서 있는 곳인 기준틀에 의존한다.

맥스웰의 결과는 이상했다. 왜냐하면 이것은 빛의 속도

가 초속 $3 \times 10^8$미터라는 것만을 말해주고 있기 때문이다. 그런데 무엇에 대한 속도일까? 맥스웰은 자신의 전자기파가 빛을 품는 에테르ether를 통과해 지나간다고 가정했다.

물결파는 물을 통과하여 이동하고, 음파는 공기를 통과하여 이동한다. 그러므로 빛의 파동 역시 매질을 통과하여 이동한다고 추정하는 것은 자연스러웠다. 빛을 품는 에테르가 모든 공간을 채우고 있으면서 절대적인 정지 상태의 기준을 제공해주는 것이다. 당신이 기차에 앉아 있다면 당신은 기차에 대해서는 정지해 있지만, 기차는 지구에 대해서 움직이고 있고 지구는 에테르에 대해서 움직이고 있다. 수성 역시 에테르에 대한 속도를 가지고 있으므로 우리는 에테르에 대한 절대 속도로 수성의 속도와 지구의 속도를 비교할 수 있다. 맥스웰은 에테르에 대한 빛의 절대 속도가 초속 $3 \times 10^8$미터라고 믿었다.

그런데 불행히도, 단순한 계산에 의하면 신비의 에테르는 이상한 성질들을 가지고 있었다. 예를 들어 에테르가 공기보다 100배 더 희박하다면 에테르는 다이아몬드보다

1000배 더 단단해야 한다. 무엇보다도, 에테르를 관측하려는 모든 시도가 실패했다.

＊

1905년 아인슈타인은 에테르 따위는 존재하지 않는다고 대놓고 선언했다. 더 나아가 그는 맥스웰의 결과를 받아들여 빛의 속력을 상수 $c$로 놓고 이것을 자연의 법칙으로 간주했다. 그렇게 해서 아인슈타인의 특수상대성 이론이 탄생했다. 이것은 두 가지 간단한 전제에 기반을 두고 있다.

첫째, 절대적인 운동은 존재하지 않는다. 아인슈타인은 이 공리를 갈릴레오로부터 이어받았는데, 기차에서 수행되는 어떤 실험으로도 기차가 정지해 있는지 일정한 속도로 움직이고 있는지 알아낼 수 없다는 것을 말한다. 모든 운동은 어떤 기준틀에 대해서 측정되는데, 어떤 기준틀도 다른 것보다 우월하지 않다.

둘째, 어떤 기준틀에 있는 관측자에게도 진공에서의 빛의 속도는 초속 $3 \times 10^{8}$미터로 측정된다.

여기에는 꽤 상세한 논평이 몇 개 필요하다. 첫째 전제는 "상대성의 원리"로 알려져 있다. (아인슈타인은 원래 자신의 이론을 "상대성"이라고 부르지 않았다. 그 이름은 이후 몇 년에 걸쳐서 붙여진 것이다. 처음에 제안된 이름은 "절대성 이론"이었다.) 이 이론에 특수라는 단어가 붙은 이유는 일정한 속도만 다루기 때문이다. 아인슈타인은 가속도 운동을 다루지 않았고 위의 기준틀들이 모두 일정한 속도로 움직이고 있다고 가정했다. 상대성 이론에서의 운동은 실제로 상대적이다.

얼핏 간단해 보이는 두 번째 전제가 모든 것을 바꾸었다. 어떤 기준틀에 있는 누구에게든 빛의 속도가 똑같이 측정된다는 것은 뉴턴 물리학에 정면으로 위배된다. 빛이 철길을 달리는 기차처럼 행동한다면 빛의 속도는 관측자(관측을 하는 사람이나 물체를 부르는 물리학 용어)의 기준틀에 의존해야 한다.

✱

빛의 속도가 일정하다는 전제는 지난 수백 년 동안 생각되어오던 것과는 달리 시간과 공간을 더 이상 분리해서 생각

할 수 없다는 것을 보여주었다. 왜 그런지 이해하기는 비교
적 쉽다. 그림 41쪽의 위 그림과 같이 상자처럼 생긴 기차 안
에서 아래위로 튕기고 있는 공으로 이루어진 시계를 생각해
보자.

기차를 타고 있는 보리스가 보기에 공은 그저 위아래로
똑바로 움직이고 있고, 공이 바닥에서 천장에 닿았다 다시
바닥으로 돌아오는 시간을 1초로 정의할 수 있다.

하지만 아래 그림처럼 밖에서 기차를 관측하고 있는 나
타샤에게 기차는 $v$의 속력으로 오른쪽으로 이동하고 있다.
나타샤에게도 1초는 공이 왕복 운동을 하는 시간이지만, 땅
을 기준으로 공은 삼각형의 경로로 움직이기 때문에 더 먼
거리를 이동한다.

그런데 나타샤가 보기에는 공도 더 빠르게 움직인다. 공
은 보리스가 보는 것과 같은 속력으로 수직으로 움직이지만,
나타샤가 보기에는 기차의 속력에 맞춰 앞으로도 움직인다.
속력이 더해졌기 때문에 공은 보리스가 측정하는 시간과 정
확하게 같은 시간 동안 더 길어진 거리를 움직인다. 그래서

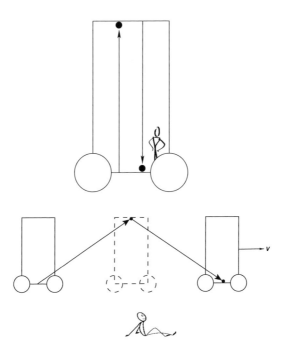

나타샤의 1초는 보리스의 1초와 같다. 뉴턴 물리학에서 시간
은 보편적이다.

　한편, 아인슈타인의 또 다른 혁명적인 발견은 빛이 입
자로 이루어졌다는 것이고, 이 입자는 지난 세기 동안 광자
photon라고 불렸다. 만일 그 공이 광자라면 상대성 이론의 두
번째 원칙에 따라 두 관측자가 측정하는 광자의 속력은 같

다. 이 경우에는 기차 밖에서 보기에 광자가 더 멀리 이동을 했으므로 왕복 운동을 하는 데 더 긴 시간이 걸려야 한다. 나타샤가 측정하는 1초는 기차를 타고 있는 보리스가 측정하는 1초보다 더 길 것이다. 그 차이는 기차의 속력, 그러니까 1초 동안 얼마만큼의 공간을 이동했느냐에 달려 있다.

이 간단한 사고실험은 시간과 공간을 더는 독립적으로 생각할 수 없다는 것을 보여준다. 아인슈타인은 이들이 어떻게 연관되어 있는지 정확하게 보였지만, 우리에게 그런 자세한 내용은 필요하지 않다. 상대성 이론이 등장한 이후부터는 물리학자들은 더는 시간과 공간을 분리해서 생각하지 않는다. 대신 시간과 공간에서 결합된 거리인 4차원 시공간 spacetime을 이야기한다.

특수상대성 이론은 시공간 개념을 내포하고 있긴 하지만, 이 개념을 아인슈타인이 만들어낸 것은 아니다. 상대성 이론에 대한 초기의 논문 어디에도 그는 시간을 네 번째 차원으로 언급하지 않았다. 프랑스의 수학자 앙리 푸앵카레 Henry Poincaré가 시공간의 필요성을 더 먼저 깨달았고, 독일의

수학자 헤르만 민코프스키Herman Minkowski가 그 의미를 처음
으로 연구했다. 아인슈타인은 오히려 그 아이디어를 "불필
요한 박식함"이라고 부르며 반대했다. 하지만 결국 시공간
이라는 관점은 일반상대성 이론을 공식화하는 데 필수적인
것으로 밝혀졌다.

✳

특수상대성 이론은 또 다른 혁명적인 결과를 가져왔다.
하나는 빛이 궁극적인 속력 제한을 제공한다는 것이다. 이에
따라 어떤 관측자도 빛보다 빠르게 움직이는 물체를 측정할
수 없다. 또 하나는 물체의 속도가 빨라질수록 질량이 증가
하여 $c$에서 무한대가 된다는 것이다(어떤 것도 빛보다 빠르게 이
동할 수 없는 이유 중 하나다).

또 하나의 결과는 아인슈타인의 유명한 방정식 $E=mc^2$
이다. 물체에 내재하는 에너지는 질량에 빛의 속력의 제곱을
곱한 것과 같다는 말이다. 그런데 정의에 따라 빛은 1년에
1광년 이동한다. 그러면 $c=1$로 놓는 시스템에서는 이 방정

식은 단순하게 $E=m$이 된다. 상대성 이론 덕분에 물리학자들은 에너지와 질량을 같은 것의 다른 두 측면으로 간주할 수 있게 되었다. 그래서 그들은 "질량 밀도"와 "에너지 밀도"를 같은 의미로 말하고, 나도 그렇게 할 것이다.

인기 있는 믿음과는 달리 아인슈타인은 질량과 에너지가 연결되어 있다는 것을 처음으로 보인 사람이 아니고, 이렇게 말하면 조금 삐딱해 보이겠지만, $E=mc^2$을 만족할 만하게 증명하지도 않았다. 그 주제에 대한 그의 유명한 논문에는 실수가 있었고, 이후에 수습하려 했지만 성공하지 못했다. 하지만 그 결과는 원자폭탄과 태양에서의 핵반응을 설명하는 데 핵심적인 역할을 하면서 시간의 검증을 확실하게 견뎌냈다.

**특수상대성 이론에서 빠진 것은 무엇일까?**

# 3장
# 일반상대성 이론, 우주론의 기반

현대 우주론은 기본적으로 아인슈타인의 일반상대성 이론을 우주 전체에 적용하는 것이다. 지금까지 일반상대성 이론은 역사상 가장 정교하게 검증된 과학 이론 중 하나 혹은 유일한 이론이다. 이 이론에 어긋나는 실험이나 관측은 하나도 없으며, 이 이론이 우리 우주를 훌륭하게 서술한다는 것에 의문을 품는 우주론자도 더는 없다.

일반상대성 이론의 수학은 복잡하지만 기본 개념은 이해할 만하다. 우주로 가기 전에 일반상대성이라는 이론이 어떻게 중력 이론이 되었으며, 우리는 왜 그것을 믿고, 시공간의 개념에 대한 우리의 관점을 어떻게 만들었는지 이해해야 한다.

거의 모든 물리학이 운동에 대한 것이라면, 우리는 지금까지 아주 기본적인 것을 간과했다. 속도의 변화를 의미하는 가속도다. 특수상대성 이론을 만들 때, 아인슈타인이 전제로 삼은 것은 일정한 속도로 움직이는 물체였다. 가속되는 것은 없었고, 힘이 없으면 가속도도 없기 때문에 여기에는 힘도 없다.*

아인슈타인은 가속도를 포함하도록 특수상대성 이론을 확장하고자 했고, 그 과정에서 일반상대성 이론을 만들어냈다. 일반상대성 이론은 흔히 가장 아름다운 이론이라고 불리는데(사실이다), 방정식은 복잡하지만 전체 체계와 모든 예측이 2개의 단순하지만 심오한 가정에서 나오기 때문이다.

✳

아인슈타인이 "평생 가장 행운의 생각"이라고 부른 것

---

*     약간의 수고를 더하면 가속도와 힘을 특수상대성 이론에 포함시킬 수 있다. 하지만 그렇게 한다고 해서 이것이 일반상대성 이론이 되는 것은 아니다.

에서 시작해보자. 갈릴레오 시대 이후 공기 저항을 무시하면 모든 물체는 같은 속도로 땅으로 떨어지는 것으로 관측되었다. 이것이 그 유명한 중력가속도고, 일반적으로 $g$로 나타낸다. 지구 표면 근처에서 $g$의 값은 초당 9.8미터지만, 우리는 공학자가 아니기 때문에 숫자는 중요하지 않다. 물리학자들에게 중요한 것은 $g$가 떨어지는 물체의 질량이나 구성 성분과 무관하다는 것이다. 금덩어리, 수박, 깃털 모두 진공에서는 정확하게 같은 속도로 떨어진다.

이런 이유로, 엘리베이터를 탄 채로 줄이 끊어진다면 우리는 무중력을 느낀다. 우리와 엘리베이터가 똑같은 가속도 $g$로 떨어지므로 우리의 발이 바닥을 누르지 않기 때문이다.

*작은 규모에서 자유낙하 상태는 무중력과 구별이 불가능하다.*

이와 정확하게 같은 일이 국제우주정거장International Space Station(ISS)에서 일어난다. 우주비행사들은 우주정거장과 같은 속도로 지구 주위를 돌기 때문에 무중력을 느낀다. 더 흔한 경험은 엘리베이터가 위쪽으로 가속될 때 몸이 더 무겁게 느껴지는 것이다. 이 경우에는 중력이 커지는 것처럼 보인다.

아인슈타인은 이 단순한 관측 결과를 자연의 법칙으로 만들고 등가원리principle of equivalence라고 이름 붙였다.

충분히 작은 닫힌 공간에서는 어떤 실험으로도 일정한 가속도와 균일한 중력장을 구별할 수 없다.

다시 말해서 창이 없는 엘리베이터 안에 있다면, 줄이 위로 당겨져 가속을 하고 있는지 지구의 질량이 갑자기 커져서 중력이 커진 것인지 구별할 수 없다는 것이다. ("중력장"은 중력이 만들어내는 가속도 $g$를 표현하는 다른 방법이다.) 마찬가지로, 엘리베이터의 줄이 끊어진다면 우리가 실제로 가속도 $g$로 떨어지고 있는 것인지 지구가 사라져버린 것인지 알아낼 수 없다. 국지적으로, 가속도와 중력장은 동등하다.

이런 이유로, 아인슈타인은 가속도를 포함하도록 특수상대성 이론을 확장하기 위해서는 새로운 중력 이론이 필요하다고 이해했다.

\*

　시공간에 대한 우리의 개념을 바꾼 것은 특수상대성 이론이 아니라 일반상대성 이론이라는, 오해를 불러일으키는 이름이 붙은 그의 중력 이론이다. 등가원리에 따르면 지구 중력장에서 다른 높이에 있는 시계는 다른 속도로 가야 한다. 이것은 매일 수 없이 일어날 뿐만 아니라 현대 생활의 많은 부분이 이것 없이는 불가능하다.

　아인슈타인이 직접 제안한 사고실험을 약간 바꿔 우주 공간에서 위를 향해 가속하고 있는 우주선을 생각해보자. 우주선의 꼭대기에 있는 나타샤는 손에 들고 있는 전화기가 없으면 연락이 되지 않는다. 우주선의 바닥에는 보리스가 똑같은 전화기를 들고 있다. 나타샤의 등가원리 앱은 자신의 전화기 시계에 따라 매초 불빛을 보낸다. 그런데 보리스는 빛이 오는 동안 위로 가속하고 있기 때문에 이제 처음보다 더 빠르게 움직이고, 일정한 속도로 움직였을 때보다 더 빠르게 빛을 받는다. 보리스는 빛이 더 짧은 시간 간격으로 오는 것으로 보기 때문에 자신의 시계가 나타샤의 시계보다 더 빠르게 간다고 결론 내린다.* 가속도와 중력장이 동등하다면 같은 현상이 지구의 중력장에서도 일어나야 한다.

GPS 시스템은 지구 궤도를 돌고 있는 위성들의 집단이 제공하는 시간 신호에 의존한다. 위성들은 아주 빠른 속도로 움직이기 때문에 특수상대성 이론에 따라 위성의 시계는 지상에 있는 휴대전화의 시계보다 느리게 간다. 그런데 위성들은 중력장이 약한 높은 궤도에 있기 때문에 일반상대성 이론에 따라 위성의 시계는 지상의 시계보다 더 빠르게 가야 한다. 일반상대성 이론에 의해 생기는 불일치가 특수상대성 이론에 의한 것보다 2배 더 크지만, 합쳐진 양은 1초에 10억 분의 1초보다 더 작다.

초속 $3 \times 10^8$미터인 빛은 10억 분의 1초 동안 약 3분의 1미터 움직인다. 상대성 이론에 의한 불일치를 수정하지 않

---

\*    몇몇 독자는 내가 도플러 이동을 설명하고 있다는 것을 알아차릴 것이다.

으면 GPS의 위치는 매초 약 3분의 1미터씩 틀리게 된다. 몇 분도 지나지 않아서 지도를 읽을 줄 모르는 사람은 길을 잃게 될 것이다.

일반상대성 이론은 진실이다.

\*

일반상대성 이론은 뉴턴은 절대 알아낼 수 없던 우주에 대한 설명을 제공해주기도 한다. 여러분은 아마 갈릴레오에게서 가져온 뉴턴의 유명한 관성의 법칙을 알 것이다. 물체가 자신의 현재 상태를 계속 유지하려는 경향을 말하는 것이다. 더 정확하게 말하면, 물체에 힘이 작용하지 않으면 물체는 직선을 따라 움직인다. 중력은 위로 던진 공이 아래로 떨어지는 것처럼 물체를 휘어진 궤적으로 움직이게 한다. 그런데 조금 전에 본 것처럼 자유낙하하는 엘리베이터에서 중력은 사라진다. 엘리베이터에서는 공에 힘이 작용하지 않고 있기 때문에 공은 관성에 의해 52쪽의 왼쪽 그림처럼 직선으로 움직인다.

아인슈타인은 빛도 같은 방식으로 움직인다고 선언했다. 자유낙하하거나 일정한 속도로 움직이는 엘리베이터에서는 힘이 작용하지 않기 때문에 빛도 역시 왼쪽 그림처럼 직선으로 움직인다. 하지만 위로 $g$의 가속도로 가속되고 있거나 중력장이 $g$인 행성 위에 있다면 등가원리에 따라 가운데와 오른쪽 그림처럼 같은 양만큼 빛이 휘어져야 한다.

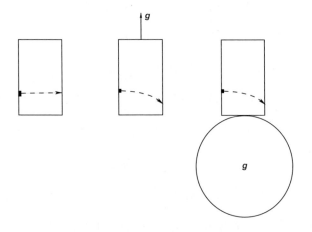

얼마나 이상한가. 물체가 직선으로 움직이는지 곡선으로 움직이는지는 앞 장에서 사용한 용어인 기준틀에 의존하는 것처럼 보인다. 더 이상한 것은, 중력의 존재 자체가 기준

틀에 의존하는 것처럼 보이는 것이다. 이것은 사실이다.

　미래에 건설될 지구의 크기에 비해 상당히 높은 건물을 상상해보자. 그런 건물의 꼭대기에서는 지구의 중력가속도 $g$가 바닥보다 측정 가능할 정도로 작다. 이것은 앞에서 말했던 "작은 범위"가 더는 아니다.

　하나는 건물의 꼭대기 근처에서, 다른 하나는 바닥 근처에서 엘리베이터의 줄이 끊어진다면, 두 엘리베이터는 다른 가속도로 떨어질 것이다. 위쪽 엘리베이터에서 공을 던진 사람은 아래쪽 엘리베이터에서 던진 사람과 마찬가지로 공이 직선으로 움직이는 것으로 볼 것이다. 하지만 두 공을 동시에 볼 수 있는 사람에게는 두 공이 다른 곡선을 따라 움직이는 것으로 보일 것이다. 54쪽의 가운데 있는 그림이다. 이와는 달리 $g$가 모두 일정한, 그림 왼쪽의 작은 건물에서는 두 공이 똑같은 경로를 따라 이동하여 절대 서로 교차하지 않는다. 아주 큰 건물이 옆으로 누워 있는 상태에서 공이 떨어진다면, 두 공은 모두 지구의 중심을 향해서 떨어지기 때문에 경로는 오른쪽 그림처럼 결국에는 만나게 된다.

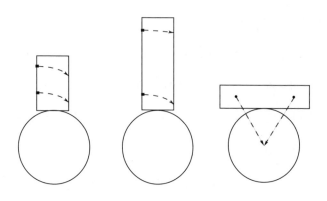

　가까이 있는 입자들은 같은 경로를 따라가고 멀리 떨어진 입자들은 다른 경로를 따라가는 이런 상황은 조석 현상의 하나다. 지구에서 태양에 더 가까운 쪽은 반대쪽보다 더 강한 중력장을 받는다. 이 힘의 차이는 지구를 늘어뜨려 밀물과 썰물뿐만 아니라 조석 팽창tidal bulge을 만든다.

　앞에서 본 것처럼 중력이 사라지는 작은 엘리베이터는 언제든지 볼 수 있다. 조석 현상은 좀더 전체적인 관점으로 볼 때 나타나고, 지구에서처럼 우리가 상황을 어떻게 보든 사라지지 않는다. 뉴턴 역학의 언어로 말하면, 조석 현상은 중력의 명백한 효과다.

현대 우주론자들은 중력을 기하학의 언어로 설명한다. 평평한 종이에서 평행한 두 선은 절대 교차하지 않는다. 실제로 이것은 유클리드 기하학의 유명한 다섯 번째 공리다. 특수상대성 이론에서는 어디에서도 힘이 작용하지 않기 때문에 평행한 경로로 움직이는 입자들은 영원히 그렇게 유지된다. 특수상대성 이론은 평평한 시공간의 이론이다.

하지만 휘어진 표면에서는 처음에는 평행했던 두 선이 교차할 수 있다. 56쪽 그림의 왼쪽처럼 두 경도선은 지구의 적도에서는 평행하지만 북극과 남극에서는 만난다. 구의 표면에 그려진 삼각형 내각의 합도 180도를 넘는다. (바닥에 있는 두 각만 합쳐도 180도가 되기 때문이다.) 이것은 곡면을 다르게 표현하는 것이다. 반면, 원통 위에 그려진 두 평행선은 절대 교차하지 않는다. 그러니까 보이는 것과는 달리, 원통의 표면은 휘어진 것이 아니다.

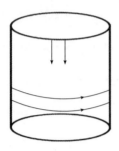

이것은 정확하게 중력에 의해 생기는 상황이다. 엘리베이터 안에서, 입자들은 평행한 경로를 따라간다. 하지만 더 멀리 떨어진 입자들은 휘어진 특성이 있는 표면의 경로를 따라가는데, 그 경로는 결국 서로 만난다. 일부 물리학자는 상대성 이론의 기하학적 그림을 물리학과는 상관없는 비유로 간주한다. 하지만 일반상대성 이론의 기하학은 정확하게 19세기에 게오르크 베른하르트 리만Georg Bernhard Riemann 등이 만들어낸, 확장하면 시간을 네 번째 차원으로 포함할 수 있는 휘어진 표면의 기하학이다. 이것이 비유라면 완벽한 비유다. 중력은 실제로 공간, 그러니까 시공간의 곡률이다.

뉴턴의 중력 이론에 따르면 무거운 물체는 중력을 만들

어내고 그 힘은 다른 물체를 움직이게 한다. 일반상대성 이론에 따르면 물질은 시공간을 휘어지게 하고 그 곡률이 물질의 움직임을 결정한다. 뉴턴의 우주에서는 영원히 평평한 공간을 가로질러 힘이 작용한다면, 아인슈타인의 우주에서는 시공간이 탄력적이고 물체가 움직이면 계속해서 모양이 변한다. 이것이 일반상대성 이론이 만들어낸 개념의 혁명이었다.

아인슈타인은 1915년에 완성된 자신의 이론으로 수성의 근일점 이동을 정확하게 설명했다. 수성은 태양에 가장 가까이 있는 행성이기 때문에 그곳의 공간은 충분히 많이 휘어져 있다. 따라서 뉴턴의 중력 이론과 맞지 않는 결과가 측정될 수 있는 것이다. 1919년 아서 에딩턴Arthur Eddington이 이끈 유명한 일식 관측 탐사는 아인슈타인이 예측한 대로 별빛이 태양의 중력장에 의해 휘어지는 것을 보여주었다. 앞에서도 말했듯이 한 세기가 지난 지금 일반상대성 이론은 역사상 가장 정교한 검증을 거친 이론 중 하나가 되었다. 지도 읽기가 잃어버린 기술이 되었다는 것이 살아 있는 증거다.

✳

　일반상대성 이론은 전자기학과 마찬가지로 장 이론이고, 파동이 진행하는 것이 가능하다. 1장에서 이야기했듯이 일반상대성 이론은 중력에 대한 최초의 장 이론이 아니고, 아인슈타인 역시 중력파를 처음 예측한 사람이 아니다. 사실 그는 처음에는 중력파를 믿지 않았고, 그 존재가 밝혀진 이후에 봐도 그 주제에 대한 그의 첫 번째 논문은 완전히 틀렸다. 그럼에도 불구하고 그는 처음으로 옳게 접근한 사람이다.

　전자기학에서 가속되는 전하가 전자기파―빛이나 전파―를 만드는 것과 마찬가지로, 일반상대성 이론에서도 가속되는 질량은 빛의 속력으로 이동하는 중력파를 만들어낸다. 하지만 중력파는 빛의 파동이 아니기 때문에 일반적인 망원경으로는 감지할 수 없다. 중력파는 시공간을 가로질러 나아가는 작은 조석 요동으로, 달의 조석력이 지구에 작용하는 것처럼 측정하는 도구 자체를 늘어나고 수축하게 만든다. 중력은 아주 약하기 때문에 중력파는 상상하기 어려울 정도로 발견하기가 어렵다. 관측 기기를 양성자의 지름보다 1만 배 더 작은 정도로 늘어나게 할 뿐이다. 하지만 반세기에 걸친 노력 끝에 과학자들은 이 기적을 이루어냈다. 2016년 레이저간섭계 중력파관측소Laser Interferometer Gravitational Wave Observatory(LIGO)는 중력파를 발견했다고 발표했다. 수십억 광년 거리에서 충돌하는 블랙홀이 만든 중력파의 모양은 일반상대성 이론의 예측과 정확하게 일치했다. 이 발견은 천문학의 새로운 시대를 열었고 어떤 우주론자들은 눈물을 글썽이기도 했다.

✳

결론적으로, 적어도 지금까지는 일반상대성 이론은 아주 정확한 과학 이론이다. 일반상대성 이론을 물리학자들은 고전 이론classical theory이라고 부른다. 양자역학을 포함하지 않는다는 말이다. 빅뱅 특이점singularity을 설명하기 위해서는 중력의 양자 이론이 필요할 수 있다. 이것은 곧 반복적으로 등장할 주제다. 그런 극단적인 사건만 제외하면 일반상대성

이론은 생각할 수 있는 모든 상황에서 잘 맞기 때문에 우주
론자들은 주저 없이 우주 전체의 진화를 설명할 때 일반상대
성 이론을 이용한다.

　　앞으로 보겠지만 실제 우주는 거의 완벽하게 평평한 유
클리드 공간이기 때문에 일반상대성 이론의 많은 도구는 현
대 우주론에서 거의 필요가 없고 뉴턴 이론으로 충분한 경우
가 많다. 하지만 상대성 이론의 관점은 아주 중요하다. 중력
장이 극단적으로 강한 블랙홀 같은 천체 근처에서는 시공간
이 전혀 평평하지 않기 때문에 일반상대성 이론을 최대로 사
용해야 한다.

✳

　　지금까지 나는 일반상대성 이론의 두 번째 정리에 대해
서는 전혀 언급하지 않았다. 이것은 약간 이해하기 어려운
이름을 가지고 있으므로 우리는 그냥 상대성 이론의 "일반
화된" 원리라고 부르자. 특수상대성 이론은 속도가 일정한
운동에 ─ 더 정확하게는 일정한 속도로 움직이는 기준틀에

—관여하고, 아인슈타인은 그 모든 계가 똑같이 중요하다고 했다. 절대 공간이라는 것은 없다. 아인슈타인은 일반상대성 이론을 만들면서 우리는 어떤 기준틀에서도, 특히 가속계에 서도 운동을 묘사할 수 있어야 한다고 선언했다.

이 선언은 아주 심오한 질문을 불러일으킨다.

아마도 많은 사람이 놀이공원에서 회전하는 둥근 통에 서 원심력을 느껴본 적이 있을 것이다. 실제로 우리는 일반 적으로 원심력은 우리를 통의 벽으로 미는 힘이라고 이야기 한다. 우리는 분명히 그렇게 느낀다. 하지만 밖에서 보는 사 람은 그것이 상상의 산물이라고 말할 것이다. 통이 갑자기 사라진다면 우리는 밖에 있는 사람이 보기에는 뉴턴의 관성 의 법칙에 따라 직선으로 날아갈 것이다. 우리가 느끼는 원 심력은 "가상의 힘"이다. 실제로는 통의 벽은 우리가 공간으 로 날아가지 않도록 안으로 밀어주고 있다. 놀이공원의 회전 하는 놀이기구는 가속되는 기준틀을 표현하고, 많은 기본 교 과서의 물리학은 그런 기준틀을 다루지 않는다. 원심력은 가 상의 힘이다. 가속되지 않는 곳에서 그 상황을 보면 사라지기 때문이다. 그런데 우리는 가속되지 않는 기준틀과 동등한 것, 즉 낙하하는 엘리베이터에서 중력이 사라지는 것을 이미 본 적이 있다. 그렇다면 중력도 가상의 힘일까?

이 질문에는 답이 있다. 우리가 상대성 이론을 믿는다면 중력이 가상의 힘이라고 믿거나, 아니면 "가상의 힘"이 실재 라고 믿는 수밖에 없다.

*

이것은 더욱 심오한 질문을 불러일으킨다. 우리는 기차 에 앉아 있다. 특수상대성 이론에 따르면 우리는 일정한 속 도로 움직이고 있는지 정지해 있는지 알 수 없다. 하지만 가 속하기 시작하면 분명히 알 수 있다. 우리는 의자 등받이로 밀릴 것이다.

기차는 무엇에 대해서 가속되는 것일까? 아이작 뉴턴은 영원히 정지해 있는 절대 공간인 에테르에 대해서라고 말할 것이다. 기본 물리학 교과서는 뉴턴에 동의할 것이고, 그렇 게 하는 것은 에테르가 실제로 존재한다고 말하는 것이다.

아인슈타인은 일반상대성 이론을 만들 당시 절대 공간은 뉴턴의 상상의 산물이라고 믿었던 독일의 물리학자이자 철학자인 에른스트 마흐Ernst Mach의 영향을 강하게 받았다. 어디에서도 절대 공간을 찾을 수 없다면 다른 어떤 것, 예를 들면 별들에 대하여 가속되는 것으로 말하는 수밖에 없다. 아인슈타인은 이것을 "마흐의 원리"라고 이름 붙였다.

마흐가 제기한 딜레마는 1851년 파리에서 레옹 푸코Léon Foucault가 판테온의 돔에 흔들리는 긴 추를 매단 유명한 실험으로 이미 설명되었다. 시간이 지날수록 추가 흔들리는 방향이 판테온의 바닥에 대해서 천천히 회전하는 것처럼 보였다. 사실은 판테온이 위에 있는 별들에 대해서 같은 방향으로 계속 흔들리고 있는 추의 주위를 도는 것이었다. 푸코의 추는 어떻게 "알고" 별들에 대해 고정된 방향으로 흔들릴까? 아니면 별들의 기준틀이 우연히 절대 공간과 같은 것일까? 어떤 사람은 이것이 무슨 문제인지도 모르지만, 어떤 사람은 여기에서 물리학의 가장 심오한 의문을 본다.

아인슈타인은 마흐의 원리를 일반상대성 이론에 통합시

키려 했다. 물질이 없는 우주에서는 어떤 가속도도 찾을 수 없다. 아인슈타인이 이 노력에 어느 정도 성공했는지는 오늘날까지 논쟁이 되고 있다. 하지만 이 주제를 더 깊이 다루려면 또 한 권의 책이 필요하다. 그래서 이 이야기는 여기서 끝내겠다.


### 상대성 이론은 우주 전체를 어떻게 설명할까?

# 4장
# 팽창하는 우주

지금은 우주가 팽창하고 있다는 사실이 너무나 잘 알려져 있어서 하나의 상식이 되었다. 그런데 이게 무슨 의미일까? 우주론에 대한 강연이 끝나고 연단에 다가온 청중들이 가장 먼저 물어보는 것은 "모든 은하들이 우리에게서 멀어지고 있다면 우리가 우주의 중심에 있는 건가요?"다. 두 번째 질문은 "우주는 어디로 팽창하고 있나요?"다. 솔직히 말하면 질문의 순서는 바뀌는 경우도 있다. 그건 자연스럽지만 우주가 팽창한다는 개념은 자연스럽지 않다는 것을 보여준다.

아인슈타인에게는 확실히 그랬다. 그가 일반상대성 이론을 출판한 1916년에는 우주가 팽창한다는 천문학 증거가 없었다. 그리고 같은 해 그가 그 이론을 적용하여 우주에 대한 최초의 현대적인 모형을 만들 때, 그는 우주가 반드시 정지해 있어야 한다고 가정했다. 이후 10년 동안 천문학자들은 ―우리은하 안에 있는 것으로 여겨지던 "구름"인― 성운이 사실은 우리은하 밖에 있고, 게다가 우리에게서 멀어지고 있는 것으로 보인다는 사실을 알아내 우주가 팽창하고 있다는 생각을 밀어붙였다.

팽창하는 우주라는 개념은 1929년 에드윈 허블Edwin Hubble이 멀리 있는 은하들이 멀어지는 속도는 은하들의 거리에 정비례한다는 유명한 "법칙"을 발표했을 때 결정적으로 수용되었다. 곧 명확해지겠지만, 허블의 법칙은 은하들이 우리은하로부터만 멀어지는 것이 아니라 서로 멀어지고 있음을 내포하고 있었다.*

천문학자들이 우주가 팽창한다고 이야기할 때 의미하는

---

* 　최근 "허블의 법칙"은 같은 내용을 1927년에 하필 프랑스어로 발표한 벨기에의 신부 조르주 르메트르Georges Lemaître의 이름도 넣어 "허블-르메트르의 법칙"으로 개명되었다.

것이 바로 이것이다. 은하들이 서로 멀어지고 있는 것이다. 우주론에서 어떤 발견도 이것보다 중요하지 않고, 이것은 전체 빅뱅 이론의 기반이 된다. 당연하게도, 우주가 팽창하고 있지 않다면 빅뱅이 일어났을 수가 없다.

✳

개념적으로 허블이 한 일은 간단하다. 그저 은하 몇 개의 속도와 거리의 관계를 점으로 찍었을 뿐이다. 그 자료는 68쪽의 그림과 유사했는데, 허블은 용감하게 혹은 바보같이 그 점들 사이로 직선을 그었다.

여기에서, 내가 약속하지만, 이 책에서 가장 어려운 수학이 나온다. 직선의 방정식이다. 허블의 직선의 방정식은 $v=Hd$이다. $v$는 은하의 속도, $d$는 은하의 거리, $H$는 그래프의 기울기다. 이 직선은 은하들이 멀어지는 속도가 거리에 정비례한다는 것을 의미한다. 베타 은하가 알파 은하보다 2배 멀리 있으면 베타는 알파보다 2배의 속도로 우리에게서 멀어진다. 그리고 기울기 $H$가 클수록 주어진 거리의 은하는

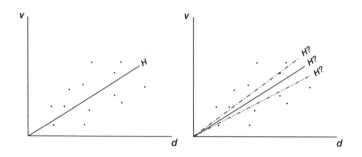

더 빠르게 멀어진다.

허블 상수로 알려진 $H$는 우주론에서 가장 유명한 숫자이고, 많은 우주론자들이 정확한 값을 얻기 위해서 연구 인생을 바쳤다. $H$가 왜 그렇게 중요할까? $H$의 정확한 값을 아는 것이 선거 결과에 영향을 주지는 않지만, 우리가 곧 살펴볼 것처럼, $H$는 우주가 얼마나 빠르게 팽창하는지를 알려준다. 이것은 거의 모든 우주론적인 과정에 관련이 있다. 게다가 $H$를 알면 빅뱅 이후 지나간 시간, 즉 우주의 나이를 알 수 있다. 이론적으로, $H$를 결정하는 것은 단순하다. 허블이 했던 것처럼 은하의 속도와 거리의 관계를 점으로 찍고 그 기울기를 측정하는 것이다. "말이야 쉽지"가 바로 이런 경우다.

은하의 속도를 측정하는 것은 유명한 도플러 이동Doppler shift*을 이용하면 비교적 간단하다. 움직이는 물체에서 나오는 빛의 진동수는 우리에게서 멀어지면 붉은색으로 이동하고 다가오면 푸른색으로 이동한다. 1920년대의 천문학자들은 대부분의 은하들이 (혹은 성운들이) 우리에게서 멀어지고 있다는 것을 알고 있었다. 은하들의 빛이 적색으로 이동했기 때문이었다. 이동하는 정도는 물체의 속도에 달려 있다. 은하의 관측된 스펙트럼─은하가 방출하는 빛의 진동수─을 실험실에서 측정한 빛의 진동수와 비교하면 멀어지는 속도를 쉽게 계산할 수 있다.

거리 측정은 어려운 일이다. 은하까지의 거리는 줄자나 레이저 거리측정기로 측정할 수 없다. 가장 가까이 있는 별들의 거리는 삼각 측량으로 측정할 수 있다. 인공위성인 히파르코스와 가이아가 이 방법을 우리은하 수십억 개의 별로

---

★   빛을 내는 물체가 움직일 때 빛의 파장이 변하는 현상, 관측자에게 다가오면 푸른색으로, 멀어지면 붉은색으로 이동한다.(옮긴이)

확장했지만, 외부은하의 거리 측정은 천문학자들의 독창성
과 땀을 필요로 한다. 우주의 거리를 측정하려는 시도인 우
주의 거리 사다리cosmic distance ladder는 현대 천문학의 중요한
과제였다. 하지만 최근의 정밀한 측정에도 천문학에서 거리
에 대한 논쟁은 계속되고 있다. 거리 측정에 불확실성이 있
는 한 천문학의 거의 모든 양에 불확실성은 없어지지 않는
다. 특히 $H$가 그렇다.

　허블이 구한 $H$ 값이 현대의 값보다 약 7배나 크다는 것
은 그 어려움을 보여준다. 68쪽의 그림(왼쪽)을 보면 그려진 기
울기가 자료와 잘 맞는지 명확하지 않다. 가능한 다른 기울기
도 표시했다(오른쪽). 그렇다면 애초에 왜 직선을 그었을까?

✳

　허블의 법칙이 의미하는 바는 부엌에서의 실험으로 표
현하는 것이 더 이해하기가 쉽다. 넓은 고무 밴드에 같은 간
격으로 점을 찍어 은하를 표시하고, A, B, C, D…를 적는다.
고무 밴드를 당겨 점들을 멀어지게 한다. A…B…C…D.

당신이 A에 있다고 하자. 고무 밴드를 균일하게 늘어뜨려 B가 A에서 1센티미터 움직이게 하면, C도 B에서 1센티미터 움직이고 A에서는 2센티미터 움직인다. 이것은 모두 고무 밴드를 당기는 동안 일어나기 때문에 A에서 보면 C는 B보다 *2배 더 빠르게* 멀어지고 있어야 한다.

이것이 허블의 법칙이다.

핵심은 밴드가 *균일하게* 모든 곳에서 같은 비율로 늘어나야 한다는 것이다. 균일하게 팽창하는 모든 우주에서는 허블의 법칙이 나타난다.

나는 앞에서 $H$가 우주의 팽창 비율을 표현한다고 말했다. 정확하게 말해 *$H$는 우주 팽창의 부분적인 비율이다.* 다시 말하면, $H$는 단위 시간에 어떤 은하까지의 거리가 증가한 퍼센트를 표현한다.

예를 들어, C가 처음에 A에서 5센티미터 거리에 있다가 1초에 1센티미터씩 움직이면, 이것은 1초에 거리의 5분의 1만큼 움직인 것이므로 $H$는 초당 5분의 1센티미터가 된다. 고무 밴드는 이것을 더 명확하게 보여줄 수 있지만 그 설명은 아래에 주석으로 두었다.*

가장 중요한 것은, 고무 밴드 우주에서는 어떤 특정한 은하도 다른 은하보다 더 중심에 있지 않다는 것이다. 당신이 C에 있다면 A가 B보다 2배 빠르게 멀어지는 것으로 보일 것이다. 풍선 표면에 찍힌 은하를 상상하면 그림은 더 분명해진다. 풍선을 불면 모든 은하는 다른 모든 은하에게서 멀어지고, 모든 은하는 이웃 은하에게서 같은 속도로 멀어진다. 이것이 정확하게 우주론자들이 우주의 팽창을 이야기할 때 의미하는 것이다.

그러니까 첫 번째 강의 후 질문에 대한 답은 이렇다. 우리는 우주의 중심인가요? 아니오.

풍선에는 중심이 있다고 반박할 수도 있다. 풍선 안쪽에

---

*      은하 A와 C가 거리 $d$만큼 떨어져 있고, C는 A에서 측정하기에 $v$의 속도로 멀어지고 있다고 하자. 고무 밴드는 허블의 법칙을 따르기 때문에 $H=v/d$가 된다. 속도는 단위 시간에 변화한 거리로 정의되므로 보통 $\Delta d/\Delta t$로 쓴다. 그러므로 $H=(\Delta d/d)\Delta t$가 된다. 이것이 단위 시간에 거리가 변화하는 비율이다.

말이다. 풍선의 비유는 여기에서 무너진다. 풍선의 표면은 우리 3차원 공간의 2차원 평면이고, 표면에 있는 개미는 둘러싸고 있는 주위의 추가 공간을 올려볼 수 있다. 우리가 살고 있는 우주는 3차원 공간이고 둘러싸고 있는 주위의 추가 공간은 없다. 실제 우주는 어떤 것에도 둘러싸여 있지 않은 4차원 시공간이다. 우주는 은하들이 서로 멀어지고 있다는 측면에서 점점 커지고 있지만, 어떤 것을 향하여 팽창하는 것이 아니다. 이것이 두 번째 강의 후 질문에 대한 답이다.

당연히 이 모든 것은 시각화하기가 아주 어렵다. 팽창하는 우주를 상상하기 위해서 사람들은 흔히 끝이 있는 팽창하는 고무판을 마음에 그린다. 일단 끝이 있다는 것은 존재하지 않는 바깥을 가정한다는 것이다. 일단 끝이 있다는 것은 역시 존재하지 않는 중심을 지정할 수 있다는 것이다. 더 좋은 것은 무한히 먼 곳으로 뻗어 있는, 끝이 없는 판을 상상하는 것이다. 판에 표시된 은하들은 그저 서로에게서 계속 멀어지기만 한다.

✳

이 지점에서 이런 질문을 할 수도 있다. "은하들 자체도 팽창하고 있나요? 당신과 나도 팽창하고 있나요?" 아니다. 당신과 나는 팽창하고 있지 않다(살이 찌는 것이 아니라면). 전자기력이 우리 몸을 붙잡고 있기 때문이다. "태양계는 팽창하고 있나요?" 일반적인 대답은 '아니오'다. 태양의 중력이 태양계를 붙잡아서 우주와 함께 팽창하는 것을 막고 있다. 마찬가지로 은하들 자체는 중력에 묶여 있어서 팽창하지 않는다.

좀더 큰 규모에서는 조금 불명확해지지만, 대략 크기가 수십억 광년인 초은하단 규모에서는 중력이 우주의 팽창에 반해서 천체들을 붙잡기에 충분하지 않다. 초은하단의 일부는 중력으로 묶여 있을 수 있지만, 초은하단 전체는 우주의 팽창에 따라 팽창한다. 초은하단이 우주에서 가장 큰 구조인 이유는 더 큰 것은 구조를 이룰 수 없기 때문이다. 우주의 팽창이 구조의 형성을 방해한다.

\*

이제 이 장을 전체적으로 돌아보자. 모든 은하가 서로 멀어지고 있다면 과거의 어느 시점에 이 팽창이 시작되었다고 하는 것은 (확실한 결론은 될 수 없다 하더라도) 그럴듯한 추론이다. 우주의 팽창을 시작하게 만든 사건을 우리는 빅뱅Big Bang이라고 부른다. 1949년 천문학자 프레드 호일Fred Hoyle이 조소하는 의미로 사용한 말이다.

빅뱅은 고전적인 의미의 폭발이 아니다. 주위에 누군가가 있었다 하더라도 어떤 소리도 듣지 못했을 것이다. 이미 존재하는 공간에서 일어나는 고전적인 폭발로 빅뱅을 상상하는 것도 정확하지 않다. 우주에 바깥이 없다면 우주가 폭발하여 나갈 곳도 없다. 우리가 알고 있는 시공간은 빅뱅 순간에 생겨났다.

빅뱅의 순간에 우주의 모든 물질은 하나의 점에 모여 있었으므로, 이곳이 중심일 거라고 생각할 수 있다. 우주에는 중심이 없기 때문에 이 생각은 틀렸다.

고무 밴드가 이해에 도움을 줄 수 있다. 밴드가 이미 늘
어나 있어서 A, B, C, D가 멀리 떨어져 있다고 상상하자. 밴
드를 놓아서 모든 점이 원래의 자리로 돌아오게 하자. 모든
점이 원래의 자리로 돌아오는 데 걸리는 시간이 빅뱅 이후
우주의 나이가 된다. 허블의 법칙에 따르면 각 은하가 이동
한 거리는 $d=v/H$이다. 그런데 은하가 움직인 거리는 속도와
이동한 시간을 곱하면 되니까 $d=vt$가 되므로 $vt=v/H$가 되
고, 그러면 $t=1/H$가 된다.

허블 상수의 역수는 허블 나이라고 하고, 빅뱅 이후 팽
창한 대략적인 나이이다.

여기에서는 모든 점이 한 지점에 있을 필요가 없다. 더
나아가 무한히 많은 점 A, B, C… (무한한 수의 알파벳)를 가진
무한히 긴 고무 밴드를 생각한다면, 고무 밴드 빅뱅이 1차원
표면 모든 곳에서 일어났다는 것을 인정해야 한다.

빅뱅의 순간에 관측 가능한 우주에 있는 모든 물질이 한
점에 모여 있었다는 것은 정확한 말이다. 하지만 관측 가능
한 우주는 우주 전체가 아니다. 빅뱅 이후 빛이 이동한 거리

를 우주의 *지평선*이라고 한다. 이름이 의미하듯 그 너머의 어떤 것도 볼 수 없다. 우리는 빅뱅의 순간에 우주의 지평선 안에 있는 모든 것이 한 점에 모여 있었다고 말할 수 있다.

천문학자들은 은하들의 거리를 측정하는 것보다 훨씬 더 복잡한 허블 상수 측정 방법을 많이 찾아냈다. 이 책에서 그 일부를 소개할 것이다. 지금은 우주의 나이가 ―빅뱅 이후 흐른 시간―140억 년이 조금 되지 않는, 정확하게는 138억 년이라는 것만 알아두자.

\*

우주 전체를 묘사하는 일반상대성 이론의 핵심 처방은 다음과 같다: 우주를 구성하고 있는 내용물과 그것이 어떻게 분포되어 있는지를 정한다. 그러면 일반상대성 이론 방정식 이 우주가 어떻게 진화하는지 이야기해준다.

이것은 일반상대성 이론의 처방이긴 하지만 아인슈타인 의 처방은 아니었다. 앞에서도 이야기했지만 아인슈타인은 우주가 팽창하지 않고 정지해 있다고 믿었다. 그는 그런 우주를 만들기 위해서 자신의 방정식에 수학적인 항을 더했다.
그 악명 높은 우주상수다. 이것은 순전히 임의의 항이었다.
우주가 팽창한다는 사실이 밝혀진 후 아인슈타인은 이것을
"인생 최대의 실수"라고 선언했다.

지금 와서 보면 상수를 추가하는 것은 이상해 보인다.
날아가던 로켓이 우주 공간에서 폭발한다면 잔해 입자들은
처음에는 빠르게 팽창할 것이다. 잔해 입자들이 충분히 무겁
다면 팽창하던 잔해는 서로의 중력으로 점점 느려질 것이다.
입자들의 질량에 따라 잔해는 결국 수축을 시작할 것이다.
절대 정지해 있지는 않을 것이다.

이와 마찬가지로 임시방편 없이 일반상대성 이론 방정
식을 우주에 적용시키면 역동적인 모습을 보여준다. 임의의
항이 없는 우주는 내용물의 밀도에 의해 결정되는 비율로 저
절로 팽창하거나 수축할 것이다. 우주의 팽창 비율을 결정하
는 것은 실제로 일반상대성 이론이 중력의 효과를 드러내는
핵심적인 방법이다. 하지만 뉴턴 물리학이 얼마나 많은 로켓
이 있는지, 혹은 그 재료가 무엇인지 알려주지 않는 것처럼

일반상대성 이론도 우주의 구성 성분에 대해서는 열려 있다. 일단 중력이 결정되면 중력이 모형의 진화를 지배한다.

1922년 러시아의 기상학자 알렉산드르 프리드만Alexandr Friedmann이 아인슈타인의 방정식에서 바로 그런 역동적인 우주를 만들어냈다. 아인슈타인은 진화하는 우주를 받아들이지 않으려 했기 때문에, 빅뱅 이론의 수학적인 기반을 제공해준 것은 사실은 프리드만의 모형이다.* 프리드만의 우주에서 중요한 것은 이것이 가장 단순한 우주 모형을 가지고 있다는 것이다. 이 모형은 우주의 내용물이 균일하게 분포하고 팽창도 균일하다고, 즉 모든 곳의 팽창 비율이 똑같다고 가정한다.

프리드만의 주요 방정식은 우주의 팽창 비율이, 즉 허블 "상수"가 그 내용물에 어떻게 의존하는지를 정확하게 보여

---

*　프리드만의 모형은 이후 조르주 르메트르(1927), 하워드 로버트슨 Howard Robertson(1935), 아서 워커Authur Walker(1936)에 의해 재발견된다. 그래서 오늘날의 우주론자들은 이 모형을 이들의 이름 첫 글자를 따서 FLRW 우주라고 부른다.

준다. 천문학자들이 측정하는 허블 상수는 사실 지금 이 글을 읽고 있는 순간에만 상수인 현재의 우주 팽창 비율이다. 일반적으로 우주가 팽창하면 내용물의 밀도가 줄어들고, 이와 함께 팽창 비율도 줄어든다.

3장에서 나는 우주에 있는 물질이 우주의 기하학적 구조를 결정한다고 했다. 우주의 물질의 밀도가 1세제곱미터당 $10^{-29}$그램(1세제곱미터당 수소 원자 10개)인 특정한 임계값을 넘으면 무거운 로켓처럼 프리드만 모형의 팽창 비율은 느려져서 0이 되고 결국에는 음이 되어 우주는 다시 수축할 것이다. 그런 우주는 일반적으로 닫혀 있다고 하고, 공간의 구조는 구형인 풍선의 기하학적 구조가 된다.

밀도가 임계값보다 작으면 우주의 기하학적 구조는 무한히 큰 감자칩과 비슷하고 (가까이 있는 평행한 두 직선이 만난다) 영원히 팽창한다. 이런 모형은 일반적으로 열린 우주라고 한다. 3장에서 이야기했듯이 실제 우주는 열린 우주와 닫힌 우주의 정확한 경계에 있는 평평한 우주로 보인다. 팽창 비율이 무한대에서 0이 될 때까지 감소하다가 영원히 조금씩 팽창하는 것이다.*

미래로 갈수록 팽창 비율이 줄어든다면 과거로 가면 빨라질 것이다. 실제로 빅뱅 순간에는 무한대였다.

## 그것이 정말 가능할까?

---

\*    여기서는 우주상수를 0으로 가정하고 있다. 우리 우주에서처럼 우주상수가 존재한다면(8장에서 다룰 것이다) 우주가 행동할 수 있는 시나리오는 더 복잡해진다. 구형의 "닫힌" 우주가 영원히 팽창할 수도 있고 "열린" 감자칩 우주가 다시 수축할 수도 있다.

# 5장
# 우주론의 로제타석: 우주배경복사

우주가 팽창하고 있다는 발견이 현대 우주론의 기초가 되었다면, 우주 전체에 절대 0도보다 3도 높은 열이 고르게 퍼져 있다는 발견은 현대 빅뱅 이론의 기초가 되었다.

앞에서 나는 우주의 팽창이 반드시 과거의 특정한 시점에 우주가 빅뱅으로 시작되었다는 것을 의미하지는 않는다고 주장했다. 우주는 언제나 지금과 거의 비슷한 모습이었을 수 있다. 그런 경우에는 은하들이 서로 멀어지면 새로운 은하들이 아주 천천히 만들어져 빈 공간을 메운다. 이 시나리오는 우주가 영원히 존재했다는 "정상상태 우주론steady-state cosmology"으로 한때 유명했다.

우주가 영원히 존재했다는 것을 상상하기는 힘들지만,

우주가 138억 년 전에 아무것도 없는 것에서 갑자기 튀어나왔다는 것도 똑같이 믿기 힘들다. 20세기 중반까지 빅뱅도 정상상태 모형도 그것을 지지하는 관측 증거는 없었다.

상황은 1965년 거의 순식간에 바뀌었다. 그전 해에 벨연구소Bell Labs의 두 전파천문학자 아노 펜지어스Arno Penzias와 로버트 윌슨Robert Wilson은 에코 위성 프로그램의 극도로 민감한 안테나를 우리은하에서 방출하는 전파를 관측하는 데 사용하려 하고 있었다. 정확한 관측을 위해서는 트랙터의 스파크 플러그나 안테나 자체에서 나오는 것과 같은 근처에서의 전파 간섭을 최소화해야 한다. 당혹스럽게도, 안테나에 있는 새똥을 포함하여 간섭을 일으킬 만한 모든 것을 제거한 후에도 원하지 않는 신호는 사라지지 않았다. 이 약한 신호는 하늘의 모든 방향에서 완전히 똑같이 나타났기 때문에 은하 자체에서 오는 것일 수 없었다. 펜지어스는 로버트 디키Robert Dicke에게 전화를 걸었다. 디키는 정확하게 이 신호를 찾으려고 준비하고 있던 프린스턴대학교 우주론 그룹의 리더였다. 펜지어스의 전화를 받은 디키는 제자인 제임스 피블스James

Peebles와 데이비드 윌킨슨David Wilkinson을 돌아보며 말했다. "여보게들, 우리가 한발 늦었네."

펜지어스와 윌슨은 빅뱅이 남긴 열인 *우주배경복사*cosmic microwave background radiation(CMBR)를 발견한 것이었다. 정상상 태 모형의 남은 지지자들은 금방 사라지고 빅뱅 이론이 우주 론의 표준 모형이 되었다. 이 책의 남은 부분에서는 이 표준 모형이 어떻게 진화했는지를 알아볼 것이다.

✳

우주배경복사는 정확하게 무엇일까? 모든 뜨거운 물체, 그러니까 절대 0도보다 온도가 높은 모든 물체는 열의 형태 로 전자기 에너지를 방출한다. 오븐이나 컴퓨터만 열을 내 는 것이 아니라 돌, 물고기, 여러분과 나도 열을 낸다. 역사 적인 이유로 물리학자들은 이 순수한 열을 *흑체복사*black body radiation라고 부르고, 복사를 방출하는 물체를 검은색이 아니 어도 흑체라고 부른다.

흑체복사의 기본적이고 놀라운 성질은 물체의 구성 성

분에는 전혀 상관없고 오직 온도에만 의존한다는 것이다. 물
체의 온도는 방출하는 복사의 양을 알려주고, 방출하는 복사
의 양은 물체의 온도를 알려준다. 원격감지 온도계는 몸에서
방출하는 열 복사의 세기를 측정하여 몸을 흑체로 가정하고
온도를 측정하는 것이다. 펜지어스와 윌슨은 우주 원격감지
온도계로 우주의 온도를 측정한 것이었다. 이 온도는 지금은
절대온도 2.7도로 알려져 있다.

일반적인 FM 라디오 방송은 약 100메가헤르츠의 주파
수로 방송을 하는데, 약 3미터의 파장에 해당된다.* 라디오
방송과 달리 뜨거운 물체는 모든 파장에서 방송을 한다. 하
지만 각 파장이 방출하는 양은 크게 다르다. 흑체의 경우 각
파장에서 방출하는 에너지의 세기—스펙트럼—는 오직 온
도로만 결정된다. 그렇기 때문에 흑체 스펙트럼은 거의 동일

---

* 　　주파수와 파장은 서로 바꾸어 말할 수 있다. 주파수(f)가 높아지면
파장(λ)은 $f \times \lambda = c$에 따라 짧아진다. 여기에서 $c$는 빛 파동의 속력이다. (빛은
초속 $3 \times 10^8$미터고, 공기 중에서 소리는 초속 340미터다.)

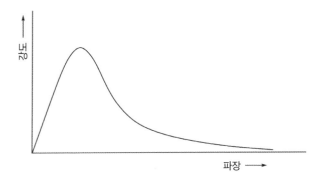

하다. 온도에 따라 정확한 모양은 다르지만 87쪽의 그림과
비슷하다. 그림에서 보듯이 대부분의 복사는 최대 파장 근
처에서 나온다. 2.7도인 흑체의 경우 최대 파장은 3센티미터
가 조금 넘고, 약 100기가헤르츠다. 이것은 마이크로파에 해
당하고, 그래서 우주배경복사를 우주마이크로파배경복사라
고도 부른다.

복사의 세기는 매초 1제곱센티미터 면적을 지나가는 에
너지의 양으로 정확하게 정의된다. 정원의 호스에서 나오는
물의 세기를 매초 1제곱센티미터를 흐르는 입자의 수로 생
각할 수 있는 것과 마찬가지다. 열은 전자기복사 ─ 빛 ─ 이

기 때문에 이 경우 입자는 광자다. 우주배경복사의 온도가 2.7도라고 말하는 것은 은하 사이의 1세제곱센티미터마다 빅뱅에서 온 약 400개의 광자가 있다고 말하는 것과 같다.

우주배경복사가 발견된 이후 1989년에 발사된 COBE 위성을 시작으로 많은 실험에서 우주배경복사 스펙트럼이 관측되었다. 그 스펙트럼은 문명의 역사에서 기록된 어떤 것보다 흑체와 완벽하게 일치한다. 21세기인 지금은 누구도 우주배경복사가 빅뱅의 잔해라는 것을 의심하지 않는다.

✳

우주배경복사의 발견은 정상상태 우주론에는 사형선고와 같았다. 이것은 우주가 과거에는 지금보다 더 뜨거웠다는 것을 의미하기 때문이다. 그 정의에서 우주가 언제나 지금 관측되는 것과 같은 모습이었다고 말하는 정상상태 모형은 우주배경복사의 존재를 직접적으로 설명할 방법이 없다.

우주는 정말로 아주 아주 뜨거웠다. 우주는 팽창하고 있기 때문에 그 안에 있는 물질과 복사의 밀도는 시간이 지나면서 낮아진다. 반대로 과거에는 밀도가 더 높았다. 이것은 과거에는 훨씬 더 밀집하게 뭉쳐 있던 광자들도 마찬가지다.

개별 광자도 더 활동적이었다. 우주가 팽창하면서 먼 곳에서 오는 빛의 파장은 길어졌고, 긴 파장은 붉은빛이 된다. 이것이 유명한 우주론적 적색이동cosmological redshift이고, 4장에서 소개한 것처럼 우주론적 도플러 이동이라고도 불린다. 우주 팽창으로 빛이 붉어진다고 말하는 것은 이 빛을 이루고 있는 광자의 에너지가 감소한다고 말하는 것과 같다. 그러니까 과거의 광자들은 지금보다 더 활동적이었다. 온도는 그저 광자의 에너지를 측정하는 것이므로 과거에는 광자들의 온도가 지금보다 더 높았다는 말이다. 관측 가능한 우주가 지금보다 2배 더 작을 때는 온도가 2배 더 높았다. 아주 간단하다.

\*

이 말들은 세 가지 중요한 결론에 이른다. 현재 우주의 평균 밀도는 약 1세제곱센티미터당 $10^{-30}$그램이다. 1세제곱미터에 수소 원자 하나가 있는 정도다. 반면 $E=mc^2$으로 보면, 1세제곱센티미터에 광자가 400개 있다는 것은 1세제곱센티미터에 $10^{-34}$그램의 질량 밀도와 같다. 이것은 물질 밀도보다 1000배 더 작다. 다른 재료들을 제외하면, 우주론자는 우주는 지금을 물질 우세 시대라고 말할 수 있다.

\*

항상 그렇지는 않았다. 시간을 뒤로 돌리면 물질 입자와 광자의 밀도는 수축하는 상자에 담긴 구슬들처럼 같은 비율로 증가한다. 하지만 각 광자들은 더 활동적으로 되고 있다. 그래서 우주가 지금보다 약 1만 배 더 뜨거웠을 때인 약 3만도였을 때 광자의 에너지 밀도가 물질의 밀도를 따라잡는다. 그 이전, 빅뱅 이후 약 5만 년일 때 우주는 복사 우세 시대였다. 우주의 행동이 물질이 아니라 광자의 성질에 의해 결정되었다는 의미다. 이것은 91쪽의 그림에 표현되어 있다. 물질 우세 우주와 복사 우세 우주의 구별은 아주 곧, 아주 중요해질 것이다.

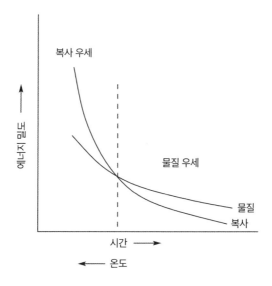

뜨거운 초기 우주의 두 번째 중요한 점은 온도의 상승이 멈추지 않는다는 것이다. 빅뱅 후 1초로 돌아가면 온도는 약 100억 도가 된다. 빅뱅 순간에는 온도가 무한대가 된다. 물리학에서는 무한대가 좋은 경우가 거의 없다. 이 특정한 무한대는 4장을 끝내게 한 무한한 팽창 속도와 같이 빅뱅 특이점이라고 불리는 것을 표현한다. 이것은 빅뱅에 가까이 다가가면서 더 자주 만나게 될 것이다. 시간이 0이 될 때의 특이점이 정말로 존재한다면, 이것은 이론이 완전히 무너진다는 것을 의미한다. 이것은 0으로 나누는 것과 같다. 불가능하다. 답이 무한대로 나오면 그 방정식은 더는 예측을 할 수 없다. 우주론자들은 보통 특이점 약간 후의 우주에 대해 생각한다. 이해할 수는 없지만 이해 가능하게 행동하는 것으로 여겨지는 시기다.

*

뜨거운 초기 우주의 세 번째 결과는 우주배경복사가 정확하게 빅뱅의 순간에 나오지 않는다는 것이다.

보이는 우주의 질량 약 4분의 3은 양성자 하나의 주위를 돌고 있는 전자 하나로 이루어진 가장 단순한 원소인 수소 원자로 이루어져 있다. 전자와 양성자는 같은 크기의 반대 전하를 가지고 있기 때문에 수소 원자는 중성이다.

하지만 관측 가능한 우주가 지금보다 최소 1000배 더 작았을 때는 수소 원자는 존재할 수 없었다. 온도가 수천 도 이상이라 전자를 양성자 핵에서 "떼어"내기 충분했다. 더 정확하게는 광자의 에너지가 전자를 수소 원자 밖으로 떼어내 이온화시키기에 충분했다. 분리된 전자와 양성자의 바다를 플라스마plasma라고 한다.

광자는 그런 플라스마에서 멀리 이동할 수 없다. 금방 전자와 충돌하여 산란되기 때문이다. 이것은 짙은 안개 속에서 손전등을 비출 때 일어나는 현상과 비슷하다. 불빛이 모든 방향으로 산란되어 멀리 볼 수가 없다. 초기 우주에서 수소가 이온화되어 있는 동안 빛은 사실상 갇혀 있다. 온도가 3000도 정도로 떨어지면 플라스마가 식어서 전자가 양성자와 결합하여 중성 수소가 만들어진다. 빛은 중성 원자와 별로 상호작용하지 않기 때문에 그 시기 — 애초에 결합한 적이 없는데 이상하게도 *재결합 시기*라고 불린다 — 이후로는 빅뱅에서 나온 빛이 자유롭게 우주를 가로질러 나아간다.

그러니까 우리가 관측하는 우주배경복사는 재결합 시기에 나온 것이다. 지금은 이 시기를 빅뱅 이후 38만 년으로 꽤 정확하게 결정하였다. 이 시기 전에는 우주가 빛에 불투명했기 때문에 보통의 빛으로는 우주배경복사가 탄생한 시간보다 과거를 볼 수 없다. 재결합이라는 용어를 기억하자.*

우주배경복사가 처음 발견되었을 때 우주론자에게 가장 중요한 특징은 놀라운 균일성이었다. 우주배경복사의 온도, 다시 말해서 복사의 세기는 모든 방향에서 완전히 똑같았다. 더구나 충분히 큰 규모에서는 은하들 자체도 우주 전체에 거의 고르게 분포되어 있다. 이런 관측들은 역사적으로 우주론의 원리라고 불리는 것을 지지해주었다. 큰 규모에서는 우주가 균일하다는 것이다.

균일한 우주배경복사로 지지받는 우주론의 원리는 다음 우주론의 표준 모형에도 유지되었다. 우주는 폭발로 시작되었고 이 폭발은 완벽하게 균일했다는 모형이다. 더 단순한 그림은 상상할 수 없다. 그리고 이 모형은 몇 번의 큰 성공을 거두었다. 첫 번째 성공은 곧 알아볼 것이다.

하지만 그런 단순한 그림은 완전히 맞을 수가 없다. 오

---

*    "재결합" 시기는 종종 "분리" 시기라고도 불린다. 광자와 물질 사이의 충돌이 중단된 것을 강조하는 용어다.

늘날 우주배경복사의 가장 중요한 특징은 완전히 균일하지는 않다는 것이다. 1992년 COBE 위성은 하늘 전체에서 우주배경복사의 작은 불균일을 관측했다. 우주론자들은 그 불균일이 반드시 있어야 하고, 그것이 없었다면 우리가 존재할 수 없다는 것을 알고 있었다. 이 요동은 은하 형성의 시작을 나타낸다. 여러분은 아마 COBE나 그 후계자들이 만든 알록달록한 지도들을 보았을 것이다. 2009년에 발사된 플랑크 위성 프로그램이 만든 잘 알려진 지도는 우주배경복사 온도의 작은 변화를 최고의 해상도로 보여준다. 우주배경복사 온도의 변화는 약 10만 분의 1밖에 되지 않지만, 그 부분들의 크기와 분포는 초기 우주에 대한 거의 모든 비밀을 푸는 열쇠가 되었다.

**우주배경복사의 무엇이 그렇게 중요할까?**

# 6장
# 태초의 가마솥

탄소, 질소, 산소, 규소, 철…. 우리가 일상생활에서 당연하게 여기고, 생명에도 필요한 원소들이다. 이런 원소들을 모두 합쳐도 우주의 보이는 질량의 1퍼센트에 한참 못 미친다는 사실은 놀라울 것이다. 보이는 우주의 대부분, 약 76퍼센트는 가장 가벼운 원소인 수소로 이루어져 있고, 두 번째 가벼운 원소인 헬륨이 나머지 24퍼센트를 이루고 있다. 천문학은 시야를 바꿔준다.

20세기 천체물리학의 가장 위대한 성과 중 하나는 별이 수소를 더 무거운 원소로 바꾸는 핵 용광로라는 사실을 알아낸 것이다. 종종 이 모든 원소는 초신성 폭발로 인해 우주로 흩어지고, 그 과정에서 납, 금, 우라늄과 같은 더 무거운 원소들이 만들어진다. 결국에는 이 무거운 원소들이 모여서 태양계, 행성들, 그리고 우리를 만들었다.

별의 구성 성분에 대한 모든 지식은 실질적으로 별의 스펙트럼을 관측함으로써 얻었다. 광원의 스펙트럼에는 보통 광원에 어떤 화학원소들이 포함되어 있는지 알려주는 주파수에 뚜렷한 선들이 나타난다. 예를 들어, 지구 대부분의 헬륨은 땅속 깊은 곳에서 방사성 원소들의 붕괴로 만들어지는데, 별의 스펙트럼에서도 헬륨이 관측된다. 그리스 신화 속 태양의 신 헬리오스의 이름을 딴 헬륨은 1868년 우리 태양의 스펙트럼에서 처음 발견되었다. 가장 초기의 별들에 대한 현대의 관측에 따르면 이 별들에는 약 24퍼센트의 헬륨과 소량의 다른 가벼운 원소들이 포함되어 있다.

가장 초기의 별들은 대부분의 헬륨과 몇몇 다른 가벼운 원소들이 이미 존재하는 상태에서 만들어진 것으로 보인다. 그러므로 이런 의문이 생긴다. 이 원소들은 어떻게 만들어졌을까?

1940년대 후반, 물리학자 조지 가모George Gamow와 동료들은 바로 이 의문에 답하는, 지금은 뜨거운 빅뱅 이론이라고 불리는 이론을 만들었다. 그리고 그것은 답이 되었다. 가벼운 원소들의 양을 예측하는 데 성공을 거둠으로써, 우주 팽창과 우주배경복사의 발견 이후 이 이론은 빅뱅 이론 초기에 거둔 세 번째 성공이자 빅뱅 이론 전체 구조의 기둥 중 하나가 되었다.

*

빅뱅 핵합성, 혹은 약간 더 시적으로 원시 핵합성이라고 불리는 초기 우주의 가벼운 원소 탄생에 대한 이론은 관측과 잘 맞는 결과를 주기 때문만이 아니라 일반상대성 이론과 핵물리학을 성공적으로 결합시켰기 때문에 중요하다. 이것은 우주배경복사가 우주론에서 왜 중요한가라는 앞 장의 마지막 질문에 대한 첫 번째 답을 주기도 한다. 사실 가모와 동료들의 계산은 우주의 열이 발견되기도 전에 그것이 존재한다는 것을 가정했다.

원시 원자 탄생의 가마솥은 4장에서 소개한, 내용물이 균

일하게 분포하고 내용물에 의해 팽창 속도가 결정되는 프리
드만 우주다. 넓게 보면 전체적인 원소 제작 과정은 간단하다.
팽창하는 가마솥에 필요한 재료를 넣고 요리하는 것이다.

앞에서 나는 과거의 우주는 지금보다 더 뜨거웠다고 이
야기했다. 실제로 빅뱅 후 몇 분 동안은 핵융합 반응이 일어
날 수 있을 정도로 우주가 충분히 뜨거웠다. 이 과정은 태양
에서 가능한 재료로 헬륨을 만드는 상황과 다르지 않다. 우주
가 팽창하면서 온도는 떨어져서 가모가 말하길 "감자를 찌
는 것보다 짧은 시간에" 모든 과정이 끝났다. 그 결과는 24퍼
센트의 헬륨과 관측되는 양만큼의 다른 가벼운 원소들이다.

전체적으로는 이렇지만 이것은 정확하지도 완전하지도
않다. 그러면 악마들이 숨어 있는 세부적인 내용을 살펴보자. 기
억해야 할 가장 중요한 것은 여기에는 어떤 추측도 없다는 것
이다. 모든 시나리오는 전통적인 물리학만으로도 충분하다.

솔직히 내가 말하고 있는 것은 정확하게는 가벼운 동위
원소들이다. 원소는 가지고 있는 양성자의 수로 결정된다.
동위원소는 중성자의 수만 다르다. 보통의 수소 핵은 하나의

양성자로 이루어져 있는 반면 중수소("무거운 수소")는 하나의 양성자와 하나의 중성자로 이루어진 수소의 동위원소다. 보통의 헬륨은 2개의 양성자와 2개의 중성자로 이루어져 헬륨-4로 불리는데, 헬륨-3는 2개의 양성자와 1개의 중성자로 이루어져 있다.

우리의 목표는 아주 뜨거운 오븐에서 천문학적으로 관측되는 이 동위원소들의 양을 관측하는 것이다. 첫 번째는 재료. 요리법을 단순하게 하기 위해서 우리는 초기 우주의 물질을 구성하는 내용물이 정확하게 오늘날 화학 원소들에서 발견되는 기본적인 구성 요소라고 가정한다. 양성자, 중성자, 전자다. 요리는 우주배경복사를 구성하는 1세제곱센티미터 당 400개의 광자에 의해 (5장 참조) 이루어진다.

하나의 재료가 더 있다. 중성미자라고 하는 아원자 입자* 다. 중성미자는 광자를 제외하고는 기본 입자들 중에서 가장 가볍고 다른 입자들과 상호작용하지 않는다. 하나의 중

---

\*　　원자보다 작은 입자를 뜻한다. (옮긴이)

성미자는 1광년 넘는 두께의 납을 통과할 수 있다. 그렇기
때문에 빅뱅에서 남겨진 중성미자들은 직접 관측되지 않
는다. 하지만, 중성미자가 반드시 있어야 하는 우리가 알고
있는 하나의 이유는 중성미자 없이는 정확한 답을 주기는
고사하고 전체 핵 합성 반응이 아예 일어날 수가 없다는 것
이다.

                                    *

    이것이 전체 재료의 목록이다. 다음으로, 오븐의 온도가
적절해야 한다. 온도가 무한대인 빅뱅 특이점을 피하기 위해
서 우리는 0이 아닌 출발점을 선택한다. 빅뱅 0.0001초 후의
우주를 상상해보자. 현재의 우주배경복사 온도 2.7도를 적용
하면 빅뱅 0.0001초 후의 온도는 약 1조 도다.

    이런 숫자는 환상처럼 보이지만 물리학에서는 1만 분의
1초 동안에도 많은 일이 일어날 수 있고, 1조 도도 높긴 하
지만 상상할 수 없는 온도는 아니다. 보통의 양성자와 중성
자는 1조 도에서 존재할 수 있고, 그들 사이에 일어나는 핵

반응도 물리학자들이 알고 있는 평범한 것이다. 이보다 훨씬 더 높은 온도에서는 양성자와 중성자가 그 구성 성분인 쿼크로 "증발"되고, 어떤 핵반응도 일어날 수 없다.

하지만 사실 1조 도는 원자핵이 존재하기에는 너무 뜨겁다. 양성자와 중성자가 이 수프 안에서 충돌하긴 하지만, 1장에서 소개한 강한핵력이 이들을 중수소나 헬륨으로 묶기에는 너무 빠르게 움직이고 있다. 수천 도 이상의 온도가 수소 원자를 양성자와 전자의 플라스마로 이온화시키는 것처럼, 1조 도에서는 원자핵이 양성자와 중성자의 플라스마로 "이온화"된다.

하지만 약 1초 후에 온도는 불과 100억 도로 떨어진다. 이것은 태양 중심의 온도 정도로, 핵이 서로 달라붙기에 충분할 정도로 차갑다. 빅뱅 1초 후에는 104쪽 그림처럼 중성자 1개에 7개의 양성자가 있다고 가정하자.

빅뱅 후 약 3분이 되면 온도는 약 10억 도로 떨어진다. 충돌하는 양성자(p)와 중성자(n)가 중수소(np)를 만들 수 있을 정도로 온도가 낮다. 이 시점에서 태양이나 지구의 핵융

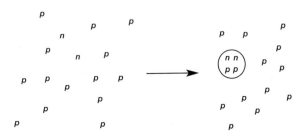

합 실험 기기에서 보이는 것과 같은 연속적인 핵융합 반응이 일어나 중수소는 빠르게 보통의 헬륨인 헬륨-4(ppnn)로 만들어진다.*

헬륨은 아주 안정된 원소라 반응은 거기에서 끝난다. 이 모든 일이 일어나고 안정되는 데는 1000초 정도가 걸린다. 감자의 크기에 따라 다를 수는 있겠지만, 감자를 찌는 것보다 짧은 시간이다.

---

\*        주 반응은 $n+p \rightarrow d$; $d+d \rightarrow 3He+n$; $d+d \rightarrow t+p$; $t+d \rightarrow 4He+n$; $3He+d \rightarrow 4He+p$; $d+d \rightarrow 4He$다. $d$는 중수소, $t$는 1개의 양성자와 2개의 중성자로 이루어진 삼중수소("아주 무거운 수소")를 의미한다.

얼마만큼의 헬륨이 만들어졌을까? 3분 동안에는 1개의 중성자에 7개의 양성자가 있었고, 모든 중성자는 헬륨으로 융합되었다. 사용할 수 있는 중성자가 소진되었을 때 반응은 멈추었다. 그림에서 보듯이 결과는 12개의 수소 핵(양성자)에 헬륨 핵 1개다. 그런데 헬륨 핵은 양성자보다 4배 더 무겁기 때문에, 질량으로는 수소 75퍼센트에 헬륨 25퍼센트로 실제 우주에서 관측되는 것과 비슷하다.

컴퓨터로 정확하게 계산을 해보면 소량의 중수소와 다른 동위원소들이 남아 있는 것으로 계산된다. 106쪽의 그림은 우주의 온도가 낮아지면서 여러 가벼운 동위원소들의 질량 비율이 어떻게 변해가는지 보여준다. 헬륨의 양만 맞아도 중요한 성과일 텐데, 놀랍게도 모든 가벼운 동위원소의 양이 천문학적인 관측과 잘 일치한다. 이 기적에 가까운 일은 우주론자들이 빅뱅 이론을 믿게 된 주요한 이유 중 하나다.

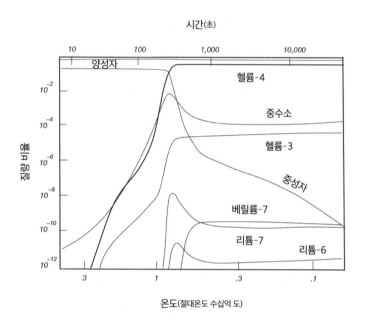

이 지점에서 나는 여러분이 양성자 7개에 중성자 1개라
는 특정한 비율이 어디에서 비롯되었는지 물었으면 한다. 어
떻게 이렇게 되었는지 알기는 그렇게 어렵지 않다.

처음으로 알아야 할 것은 양성자와 중성자가 서로 바
뀔 수 있다는 것이다. 중성자는 실질적으로 양성자 더하기 전자 $p+e \rightarrow n+\nu$이다. 여기서 $\nu$(누라고 읽는다)는 중성미자를 나타낸다. 이 반응은 반대로도 일어날 수 있다. 중성자가 양성자로 바뀌는 것이다. $n+\nu \rightarrow p+e$. 이 반응들은 1장에서 이야기한 약한핵력의 지배를 받기 때문에 약한 핵반응이라고 하고, 핵융합에서 왜 중성미자가 중요한 재료인지 잘 보여준다.

초기 우주에서는 약한 핵반응이 극도로 빠르게 일어나기 때문에 양성자와 중성자가 계속해서 서로 바뀐다. 빅뱅 0.0001초 후에는 10억 분의 1초보다 빠른 시간에 양성자가 중성자로 바뀐다. 그런데 중성자는 양성자보다 약간 더 무겁기 때문에 $E=mc^2$에 따라 중성자를 만들기 위해서는 에너지가 더 필요하다. 결과적으로 중성자는 언제나 양성자보다 더 적지만, 온도가 높아지면 더 많은 중성자가 만들어진다.

서로 충돌하면서 당구대 위를 돌아다니는 당구공들을 생각해보자. 이들이 충돌하는 비율은 공의 수, 크기, 속력에 의존하겠지만, 평균적으로 매초 아주 많은 수의 충돌이 일어난다고 하자. 이제 이 당구대가 팽창한다고 생각해보자. 공

들이 멀어지고 충돌 횟수는 줄어들 것이다. 공들이 서로를
향해 움직일 때도 당구대가 늘어나 결과적으로 충돌이 줄어
들 것이다. 당구대가 충분히 빠르게 팽창하면 모든 충돌이
멈출 것이다.

잣대가 달라지면 물리학과 일상생활에서 많은 흥미로운
일들이 일어난다. 많은 예산이 들어가는 프로젝트는 완성되
는 데 수십 년이 걸린다. 그런데 미국에서는 4년마다 정부가
바뀐다. 잣대가 달라지고 프로젝트는 취소되며 혼돈이 일어
난다.

초기 우주는 팽창하는 당구대와 아주 비슷하다. 우주의
팽창 비율은 우주를 구성하는 재료의 밀도에 전적으로 의존
한다. 현재의 값을 과거로 연장해보면 빅뱅 직후에는 밀도
가 양성자와 중성자의 지배를 결코 받지 않았다는 것을 알
수 있다. 양성자와 중성자의 밀도는 상대적으로 너무 낮아
서 팽창을 결정하는 데 사실상 아무를 역할을 하지 못했다.
앞 장에서 이야기한 것처럼 이 시기는 완전히 복사 우세 우
주였다.

빅뱅 0.0001초 후 약한 핵반응의 지배를 받는 양성자-중성자 상호 전환은 우주가 팽창하는 것보다 약 100만 배 더 빠르게 일어나고 있었다. 약한 핵반응이 일어나는 동안 우주는 전혀 팽창하지 않는 것과 같았다.

이런 상황은 금방 바뀌었다. 온도가 내려가면서 약한 핵반응은 급격히 느려졌고, 빅뱅 약 1초 후에는 우주 팽창 비율보다 느려졌다. 당구대에서처럼 중성미자가 양성자와 중성자가 충돌하는 것을 멈췄고, 핵반응도 멈췄다. 1 대 7의 비율은 이 "얼어붙는" 순간의 중성자와 양성자의 비율이었다. 그 이후로는 3분 후에 핵반응이 시작될 때까지 중성자의 수는 크게 바뀌지 않았다. 이후의 과정은 이미 이야기했다. 양성자와 중성자의 핵반응은 24퍼센트의 헬륨을 만들고 중성자가 소진될 때까지 일어난다.

이 모든 논의가 원자핵만 다루고 있다는 것을 명심하라. 원자핵은 38만 년 후 전자가 원자핵에 붙을 수 있을 정도로 온도가 떨어져 재결합이 일어날 때까지 만들어지지 않았다.

헬륨의 최종 양이 거의 전적으로 "얼어붙는" 순간의 양

성자 대 중성자의 비율에 의해 결정된다는 사실은 1980년대
에 우주론자들이 자연에 존재하는 중성미자가 몇 종류인지
를 실험실에서 알아내기 훨씬 전에 예측할 수 있도록 해주었
다. 중성미자의 종류는 맛flavor이라고 부른다. 알려진 중성미
자는 세 가지 맛이 있지만 맛이 더 있을 가능성이 없지는 않
다. 하지만 맛이 더 있으면 핵반응 동안의 우주 팽창 비율이
아주 커지고, 그러면 헬륨의 양도 늘어나게 된다. (빠르게 팽창
하면 약한 핵반응이 더 일찍 더 높은 온도에서 끝나는데, 이때는 더 많은
중성자가 있기 때문이다.) 그러므로 중성미자의 맛이 더 좋다는
것은 헬륨의 양이 더 많아져야 한다는 것을 의미한다. 헬륨
을 관측된 24퍼센트로 제한하면 새로운 맛은 있을 수 없다.
이 예측은 나중에 입자가속기*들에서 확인되었다.

---

*     전자기력을 이용하여 입자를 빠른 속도로 가속하는 기계를 뜻한
다.(옮긴이)

✳

　잘 작동한다는 것 이외에 원시 핵합성 이론에서 가장 특이한 점은 사실상 오차 범위가 없다는 것이다. 빅뱅 0.0001초 후의 조건은 일반적인 물리학의 범위 안에 있어서 핵반응은 실험으로 잘 알려져 있다. 전체 시나리오에서 등장하는 숫자는 오직 하나다. 현재 우주에서의 양성자와 중성자의 밀도로, 이것은 핵반응 시대 당시 이들의 밀도를 결정한다. 양성자와 중성자는 *바리온*baryon(중입자)이라고 부르기 때문에 우주론자들은 이것을 현재의 *바리온* 밀도라고 말한다.

　질병으로 인한 사망자의 수를 말하는 것은 사망자의 수를 인구의 비율로 표현하는 것만큼 많은 것을 알려주지 않는다. 이 경우에는 하나의 숫자는 광자와 바리온의 비율로 표현될 수 있다. 우리 우주의 광자 대 바리온의 비율은 약 10억 대 1, 광자 10억 개에 바리온 1개다. 핵반응 계산에서 그렇게 좋은 결과를 만들어내는 것은 바로 이 숫자다. 하지만 이 숫자가 왜 1이나 168이 아니라 10억인지는 전혀 이해하지 못

하고 있다. 아마도 우주가 그저 이 광자 대 바리온의 비율로
시작되었을 것이다. 대체로 회의적인 물리학자들은 이것을
미세조정의 경우로 여긴다. 현실에 맞게 모형의 변수를 조정
하는 것이다. 물리학자들은 어떻게 그 숫자가 나왔는지 설명
하는 자연스러운 과정을 찾는 것을 좋아한다.

　"당연히" 누구나 우주는 같은 양의 물질과 반물질로 만
들어졌을 거라고 기대할 것이다. 하나가 다른 것보다 많을
기본적인 이유가 없다. 하지만 우리 우주는 거의 전부 물질
로 이루어져 있다.* 1967년 물리학자 안드레이 사하로프Adrei
Sakharov는 빅뱅 동안에 물질과 반물질에 미세한 불균형이 생
겼다고 제안했다. 10억 개의 반물질에 10억 1개의 물질이 있
었던 것이다. 〈스타 트렉〉 팬들은 물질과 반물질이 만나면
소멸되고, 한 번의 소멸이 일어날 때마다 2개의 광자가 생긴
다는 사실을 알고 있을 것이다. 10억 개의 물질과 반물질이

────────────

*　반양성자와 반전자는 자신들의 상대인 양성자, 전자와 질량은 같
지만 전하는 반대다.

소멸할 때마다 하나의 물질이 남는다. 우리는 바리온 하나당 수십억 개의 광자로 둘러싸인 "잔해" 우주에 살고 있다. 하지만 이 설명은 의문을 좀더 뒤로 미루었을 뿐이다. 무엇이 물질과 반물질의 불균형의 정도를 결정하는가?

사하로프가 불균형이 일어나는 데 필요한 조건을 알아내기는 했지만, 관측되는 광자 대 바리온의 비율을 명쾌하게 설명하는 것은 쉽지 않았다. 이것은 물리학의 풀리지 않은 문제로 남아 있다.

일반적으로 우리는 물리학 법칙들이 어떻게 나타나는지 이해하지 못한다. 천체물리학의 큰 성공은 운동량, 에너지 보존 등을 관장하는 가정들이 우주의 모든 곳에서 동일하다는 것을 확신시켜준 것이고, 우주론이 초기 핵융합과 같은 과정을 설명하는 데 성공한 것은 자연의 법칙이 빅뱅 이후에 크게 바뀌지 않았다는 확실한 증거다.

수학자 에미 뇌터Emmy Noether의 기본 정리에 따르면 어떤 계가 시간에 대해 변하지 않으면 에너지는 일정하게 유지되고—보존되고— 공간이 완전하게 균일하면 운동량(질량×

속도)도 역시 보존된다. 하지만 이것은, 예를 들어, 우주가 어떻게 균일하게 되었는지 설명해주지 않는다. 그리고 우리의 일반적인 물리학 법칙들을 우주가 균일하지 않았던 극히 이른 시간의 모형에 적용할 수 있는지 의문을 불러일으킨다(11장에서 볼 것이다). 더구나 우리가 "에너지는 만들어지지도 사라지지도 않는다"라고 이야기할 때, 우리는 언제나 빵 상자와 같은 닫힌 유한한 계를 말한다. 빵은 에너지로 바뀔 수 있고, 그렇게 되면 질량은 줄어든다. 하지만 우주 전체의 에너지 보존을 이야기하는 것은, 특히 우주가 무한하다면, 뭔가 의미하는 것이 있는지, 있다면 무엇을 의미하는 것인지 정확하게 이해하지 못하고 있다.

## 우리는 우주를 미세 조정하는 것을 피할 수 있을까?

# 7장
# 암흑 우주

사람들은 강연 후 원시 핵합성에 대해서는 거의 질문하지 않는다. 주로 하는 질문은 이런 것이다. "암흑물질이 무엇인지 말해줄 수 있나요?"

대답은 분명하다. 아니오. 끝.

다시 한번 생각해보자. 아인슈타인이 절대 하지 않은 격언인 "최대한 단순하게, 하지만 너무 단순하지는 않게"와 같이 물리학자의 일은 자연의 붉은 테이프를 잘라 관측되는 현상에 대한 가장 단순한 설명들을 만들어내는 것이다. 하지만 자연은 처음에는 그렇게 단순하게 보이지 않는다. 관측이 점점 더 복잡한 현상들을 드러내면, 이들을 설명하기 위한 모형과 이론들은 단순한 것에서 복잡한 것으로 진화한다. 하지만 경제학자들과는 달리 물리학자들은 복잡한 것을 추가하는 것을 아주 싫어한다.

1965년에 빅뱅이 받아들여진 이후로 표준 우주론 모형은 완벽하게 균일한 내용물을 가정하는 프리드만 우주가 되었다. 하지만 COBE가 우주배경복사의 잔물결을 발견하자 표준 모형은 명백하게 존재하는 은하, 은하단, 초은하단 들을 설명하기 위해 수정되어야만 했다.

9장과 10장에서 새로운 표준 모형을 만나기 전에 우리는 그 모형의 기반의 일부인 암흑물질dark matter과 암흑에너지 dark energy의 존재를 먼저 만나야 한다. 위험하게도 둘 모두에 대한 상황은 주 단위로 변한다. 이런 상황에서는《뉴욕타임스》규칙을 적용하는 것이 현명하다. 어떤 발견에 대한 이야기를 현장 연구자로부터 듣기 전에《뉴욕타임스》에서 먼저 읽는다면 그것은 믿지 말라.

＊

위성 통신들은 관성의 법칙에 따라 먼 우주로 똑바로 날아가려는 자연스러운 경향에 반하여, 중력이 만든 닫힌 궤도를 따라 지구 주위를 돈다. 위성에 미치는 중력의 세기는 지구의 질량에 의존하며 위성의 궤도 속도도 마찬가지다. 위성의 속도가 빠를수록 이를 궤도에 머무르게 하기 위한 질량은 더 커진다. 태양의 주위를 도는 행성들이나 은하 중심의 주위를 도는 별들에도 같은 원리가 적용된다.

보이지 않는 물질에 대한 생각은 지난 한 세기 반 동안 여러 번 등장했다. 1930년대에 천문학자 프리츠 츠비키Fritz Zwicky는 은하단에 있는 전체 은하들의 속도가 은하단 안에 있는 빛나는 질량―별의 의미한다―으로 설명하기에는 너무 크다는 것을 알아차리고, 그 부족한 부분을 메우기 위해 암흑물질의 존재를 제안했다. 당시 암흑물질은 그저 빛을 방출하지 않는 물질이었다. 츠비키의 제안은 40년 후 베라 루빈Vera Rubin이 은하의 가장자리 근처에 있는 별들의 속도가 은하에 있는 빛나는 물질로 설명하기에는 역시 너무 크다는 사실을 알아차릴 때까지 진지하게 받아들여지지 않았다. 가장자리의 별들은 성간 공간*으로 날아가버려야 했다.

루빈과 그녀의 팀이 수행한 측정은 명확했다. 도플러 이동을 이용하면 은하 중심 주위를 도는 별들의 속도를 측정하기가 쉽다. 지금까지 수천 개의 은하와 은하단을 측정했고, 그 결과는 예외 없이 똑같다. 은하에 있는 대부분의 물질은 보이지 않는다. 실제로 우주에 있는 전체 물질의 약 85퍼센트가 암흑으로 보인다.

여기까지는 거의 확실하고, 강연 후 질문은 단순하다. 무엇이 암흑물질을 이루고 있나요? 사실 그 답도 똑같이 단순하다. 모른다. 다르게 말하는 사람은 누구든 과학자가 아니라 장사꾼이나 정치가다.

빛나지 않는 것은 어떤 것이든 암흑물질의 후보가 될 수 있다. 후보는 너무나 많아서 이 작은 책에서 모두 논의할 수 없고, 사실은 아무것도 논의할 수가 없다. 제외되지 않는 어떤 후보도 발견된 적이 없기 때문이다.

---

\*     별들 사이의 빈 공간을 의미한다.(옮긴이)

✳

　자연스럽게 암흑물질로 생각하는 것은 그 정의상 빛을 방출하지 않는 블랙홀과 그 사촌인 중성자별이다. 혹은 목성의 수십 배 질량에 이르는 "실패한 별"인 "갈색왜성brown dwarf"이다. 갈색왜성은 핵반응이 시작되기에는 질량이 너무 작아서 약하게만 빛난다. 어쩌면 목성—많은 목성들—그 자체가 암흑물질의 일부를 이룰 수도 있다. 천문학자들은 이런 천체들을 대규모천체 소형후광개체Massive Astrophysical Compact Halo Object(MACHO)라고 부른다. 아쉽게도 MACHO는 암흑물질의 후보에서 사실상 제외되었다.

　3장에서 이야기한 것처럼 일반상대성 이론에 의하면 질량이 큰 물체는 빛을 휘어지게 한다. 별, 블랙홀, 혹은 은하 주위를 지나가는 빛은 렌즈에 의해 휘어지는 것과 정확하게 같은 방식으로 원래 경로에서 벗어난다. 그런 중력렌즈gravitational lens의 결과는 렌즈 역할을 하는 질량 뒤에 있는 천체의 상이 위치가 달라지거나 왜곡되는 것이다. 지금은 중력

렌즈는 잘 알려진 현상이고 허블 우주망원경을 비롯한 현대의 여러 망원경으로 찍은 상들도 있다.

우리은하는 회전하고 있기 때문에 은하의 가장자리에 있는 MACHO도 함께 회전한다. 만일 은하 밖의 아주 밝은 별과 같은 곳에서 오는 빛이 중력렌즈로 작용하는 MACHO 근처를 지나간다면, MACHO가 별을 가릴 때 별빛이 약간 반짝이는 것을 관측하게 될 것이다. 우리은하와 마젤란 성운에서 많은 별을 이용한 통계적인 연구는 MACHO에 의한 그런 중력렌즈의 확실한 증거를 발견하지 못했다.

MACHO를 제외시키는 더 분명한 이유는 원시 핵합성이다. MACHO가 무엇이든 그것은 원시 핵합성 시대에 이미 존재하고 있던 평범한 바리온 물질(양성자와 중성자)로 이루어져 있다. 바리온의 밀도가 증가하면 핵합성 중에 헬륨을 만드는 핵반응 속도가 증가하여 더 많은 헬륨이 만들어진다. 천문학자들에 의해 실제로 관측되는 헬륨의 양은 바리온의 밀도가 우주의 빛나는 물질과 일치할 때 만들어진다. 실제로 암흑물질이 5배에서 6배 더 많다면 그것은 바리온일 수 없다. 그랬다면 빅뱅 동안 너무 많은 헬륨이 만들어졌을 것이다. 이것은 다양한 과학 이론들이 어떻게 서로를 강화시켜주는지 보여주는 완벽한 예다.

더구나 10장에서 볼 우주배경복사의 물결에 대한 정밀한 분석은 원시 핵합성과 같은 암흑물질 대 바리온의 비율을 요구한다. 암흑물질이 무엇이든 그것은 우리를 이루는 물질은 아니다.

❋

그렇다면 다음으로 자연스럽게 떠오르는 것은 중성미자이다. 광자는 전자기력을 전달한다. 중성미자는 약한핵력이 관여하는 상황에서 만들어지고, 빛 입자가 아니다. 하지만 중성미자는 가볍다. 사실 물리학자들은 반세기가 넘는 동안 중성미자가 광자처럼 질량이 전혀 없다고 가정했고, 당연히 암흑물질의 후보에서도 제외했다.

하지만 1998년부터 그 관점은 바뀌기 시작했다. 일본의 슈퍼카미오칸데Super-Kamiokande 중성미자관측소의 실험에서

6장에서 이야기한 세 종류의 중성미자가 진동을 통해 계속해서 서로 변형된다는 사실이 드러났다. 이런 진동은 피아노를 칠 때 줄이 약간 음이 맞지 않을 때로 비유할 수 있다. 소리의 진동수가 개별 음들의 진동수 차이인 것과 마찬가지로 중성미자 진동의 속도는 중성미자 종류의 질량 차이에 의존한다. 질량이 0이면 진동은 없다.

중성미자의 진동이 존재하므로 중성미자는 질량을 가진다는 것을 알았다. 불행히도 중성미자는 너무나 부끄러움이 많은 입자라 그 질량을 정확하게 결정하는 것은 실험 물리학자들을 수십 년은 골치 아프게 해왔다. 진동 실험은 아주 작은 질량 차이를 보여주었는데 이것은 중성미자의 질량이 작다는 것을 의미한다. 질량을 좀더 직접적으로 측정하기 위해 설계된 실험은 중성미자의 질량이 중성미자를 제외하고는 알려진 가장 가벼운 입자인 전자의 질량보다 적어도 50만 배는 더 작다는 것을 보여주었다. 이것은 중성미자의 최대 질량이 양성자나 중성자의 질량보다 최대 20억 배는 더 작다는 것을 의미한다. 플랑크 위성의 우주배경복사 측정에 의하면 중성미자는 그보다 더 작을 것으로 보인다.

결과적으로 가장 긍정적인 시나리오로도 중성미자의 질량은 너무나 작다. 하지만 바리온 하나당 약 10억 개의 광자가 있다는 것을 기억하라. 그리고 중성미자는 거의 같은 양만큼 (실제로는 약간 적게) 많기 때문에, 중성미자의 정확한 질량에 따라 중성미자의 전체 질량은 바리온 질량의 일부만큼이 될 수 있다. 2020년대에 정확하게 말하기는 어렵겠지만 중성미자가 암흑물질의 작은 비율 이상을 설명하기는 어려워 보인다.

물리학에는 언제나 "하지만"이 있다. 이 경우에는 다른 중성미자와 진동하지 않고 더 큰 질량을 가지는 네 번째 종류의 중성미자가 있을 가능성이 있다. 이것을 "비활성" 중성미자라고 한다. 하지만 비활성 중성미자의 증거는 현재로서는 확실하지 않기 때문에 이것은 건드리지 않겠다.

✱

수십 년 동안 가장 강력한 암흑물질의 후보는 MACHO

가 아니라 '약하게 상호작용하는 무거운 입자Weakly Interacting Massive Particle(WIMP)'였다. WIMP는 중성미자처럼 전자기력과 상호작용하지 않기 때문에―다시 말해서 빛을 방출하거나 흡수하지 않기 때문에―암흑물질일 가능성이 있다. WIMP 는 양성자나 중성자 질량의 10배에서 1000배 사이 정도로 무거울 것으로 여겨지기 때문에 보통 물질과 중력으로 상호 작용하거나 직접 충돌할 수 있다. 문제는 WIMP가 완전히 가 상이라는 것이다.

WIMP 탐색은 20년이 넘게 이어지고 있다. 보통 WIMP 감지기는 극저온으로 냉각된 아르곤이나 제논 기체 탱크로 이루어져 있다. WIMP가 제논 원자와 충돌하면 빛을 방출하 여 탱크를 둘러싸고 있는 센서에서 감지가 된다. 여기에는 두 가지 어려운 점이 있다. 첫 번째는 충돌하는 것이 WIMP 만이 아니라는 것이다. 우주선이나 근처에 있는 방사성 원 소의 붕괴에서 나오는 입자들도 같은 일을 할 수 있기 때문 에 이런 "가짜 신호"를 제거해야 한다. 원하지 않는 잡음을 거르기 위해 WIMP 감지기는 언제나 주로 오래된 광산 같은 땅속 깊은 곳에 있다. 두 번째 어려움은 찾고 있는 것이 무엇인지 사실상 아무도 모른다는 것이다. 이 때문에 범인을 잡기 위한 실험 장비를 설계하는 것이 어렵다.

지금까지 WIMP 사냥은 성공하지 못했다. 2020년에는 이탈리아의 제논1T XENON1T 감지기 팀에서 액시온 axion 을 감지한 것 같다는 흥분의 순간이 있었다.

액시온은 많은 사람이 암흑물질의 다음 희망으로 여기고 있는 것이다. 세제의 이름을 딴 액시온은 1970년대에 입자물리학자들이 강한핵력의 의문스러운 측면, 특히 중성자를 구성하는 입자인 쿼크는 전하를 가지는 반면. 중성자는 왜 균일하게 중성인지를 설명하기 위해 생각해낸 것이다. 액시온은 아주, 심지어 중성미자보다 더 가볍지만, 초기 우주에 대한 어떤 시나리오에서는 필요한 암흑물질의 양만큼 충분히 만들어졌다. 하지만 이런 시나리오도 순전히 이론적인 것이고, 액시온에 대한 언급은 모두 틀린 것으로 판명 날 가능성이 높기 때문에 더 이야기하지는 않겠다.

부정적인 결과와 추측이 그렇게 많은데 과학자들이 암

흑물질에 대항하는 대안 이론을 생각하지 않았다면 놀라운
일일 것이다. 실제로 일부 우주론자들은 암흑물질 아이디어
를 완전히 부정하고, 대신 뉴턴의 중력 법칙을 수정해야 한
다고 제안한다. 은하의 가장자리에서 중력은 별들을 궤도에
붙잡아 두기에 너무 약해 보인다. 그런데 뉴턴의 중력 법칙
은 그렇게 먼 거리에서 실험된 적이 없다. 그렇게 먼 곳에서
는 중력이 더 강하다면 어떨까? 이런 전략을 수정 뉴턴 역학
Modified Newtonian Dynamics(MOND)이라고 한다.

✳

　실제로 은하의 가장자리에서 별들의 움직임을 설명할
수 있게 뉴턴의 중력 법칙을 다시 쓸 수는 있다. 하지만 그렇
게 하려면 뉴턴이 생각한 것보다 중력이 더 강해지는 특정한
거리가 도입되어야 하고, 이것은 빛의 속력이나 전자의 질량
과 같이 자연에 새로운 상수를 도입하는 것과 같다. 물리학
자들은 이런 움직임을 아주 싫어한다. 더구나 뉴턴의 법칙은
일상에서 마주치는 상대성 이론과 비슷한 현상이기 때문에

MOND 이론에 따른다면 상대성 이론을 수정해야 한다. 이런 시도들이 이루어져오긴 했지만 모든 시도는 관측과 맞지 않아 보인다. 대부분의 우주론자들은 MOND를 암흑물질보다 훨씬 더 회의적으로 보고 있다고 말할 수 있다.

✳

이 장을 읽으면서 우주론에 대한 이야기라기보다는 입자에 대한 이야기라는 느낌이 들었을 것이다. 어떻게 보면 맞는 말이다. 우주는 기묘한 현상이 일어나는 무대로 밝혀졌고, 현재로서는 우주론을 입자물리학과 떼어놓을 수 없다. 일반상대성 이론, 핵물리학, 입자물리학, 그리고 여러 분야가 함께 엮여서 우리가 그리는 우주를 만들어내고, 여러 가닥은 분리될 수 없다. 어떤 새로운 물리학의 제안도 400년 동안의 실험 및 관측과 일치해야 하고, 결국 자연은 우리보다 더 똑똑하다는 사실을 이해해야 한다.

### 그런데 암흑에너지는 잊었나?

# 8장

# 더 어두운 우주

아니, 암흑에너지를 잊지는 않았다.

우리를 이루고 있는 물질이 우주를 구성하고 있는 물질의 작은 일부일 뿐이라는 사실이 놀랍다면, 우주의 대부분이 아예 물질로 이루어지지 않았다는 사실은 더 놀라울 것이다. 지난 20년 동안 대다수의 천문학자들과 우주론자들은 우주의 대부분이 암흑에너지로 이루어졌다는 것을 받아들이고 있다. 이 이름은 그저 이름일 뿐이다. 우리는 이것이 물질이 아니고, 우주를 구성하는 에너지의 약 70센트를 차지한다는 것을 제외하고는 암흑에너지에 대해서 아무것도 모른다.

이 장도 여기서 끝내야 할 수 있다. 하지만 왜 대부분의 우주론자들이 암흑에너지의 존재를 믿는지 이해하려면 4장

에서 소개한 허블의 법칙이 거짓이라는 것을 받아들여야 한
다. 멀리 있는 은하들의 속도와 거리 그래프가 직선으로 표
현될 수 있다는 이 법칙은 우주가 언제나 일정한 비율로 팽
창했을 때만이 진실이다. 이 경우에는 허블 상수 $H$가 정말로
상수이고 허블의 법칙은 $v=Hd$가 된다.

　　그런데 우리는 은하들이 서로에게 미치는 인력이 우주
의 팽창을 늦추어야 한다고 예상할 수 있다. 이 경우에는 가
장 멀리 있는 은하(초기 우주의 은하)들은 허블의 법칙의 결과
보다 더 빠르게 멀어져야 한다. 그렇게 되면 실제 그래프는
아래 그림의 감속하는 우주와 비슷해야 한다.

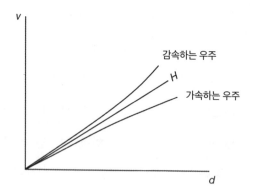

1998년 두 연구팀, 초신성우주론프로젝트Supernova Cos-mology Project와 높은적색편이* 초신성연구팀High-Z Supernova Research Team이 사실 우주의 팽창은 느려지고 있는 것이 아니라 빨라지고 있다는 결과를 독립적으로 발표했을 때 전 세계 우주론 학계는 충격에 빠졌다. 우주는 분명히 가속 팽창하고 있었다. 우주론자들은 대부분의 믿을 수 없는 물리학 결과들처럼 이 결과도 반박될 것이라고 기대했다. 하지만 협력하기보다는 죽기를 원하는 경쟁 팀들의 분명한 지지는 그들의 결과에 신뢰를 주었다. 그 결과는 지금까지 시간의 검증을 견디고 있다.

연구자들이 한 일은 개념적으로는 간단하다. 허블처럼 많은 은하의 속도와 거리 그래프를 그려서 직선에서 벗어나는 것을 찾은 것이다. 그림에서 보듯이 그 차이는 가까운 곳에서는 드러나지 않기 때문에 그들은 관측 가능한 우주의 상

---

* 도플러 이동에 의해 빛의 파장이 적색으로 이동하는 현상을 가리킨다.(옮긴이)

당한 비율에 해당되는 먼 곳까지 측정해야 했다.

지긋지긋할 정도로 어려운 거리 측정을 믿을 만하게 수행하려면 표준광원standard candle을 찾아야 한다. 일상생활에서 보듯이 전구는 거리가 멀어지면 어둡게 보인다. 구체적으로 말해, 전구의 겉보기 밝기는 우리로부터의 거리의 제곱으로 감소한다. 거리가 2배가 되면 밝기는 4배 어두워지고, 거리가 4배가 되면 밝기는 16배 어두워진다.

2개의 전구를 관측했는데 하나가 다른 하나보다 4배 더 어둡다면 우리는 딜레마에 빠진다. 25와트 전구와 100와트 전구가 나란히 있는 것일 수도 있고, 둘 다 200와트 전구인데 하나가 다른 하나보다 2배 더 멀리 있을 수도 있다. 그런데 만일 그 두 전구의 용량이 같다는 것을 안다면 하나가 다른 하나보다 반드시 2배 더 멀리 있어야 한다. 그리고 두 전구가 100와트로 빛을 낸다면 얼마만큼의 에너지가 나오는지 정확하게 알 수 있다. 다시 말해서 얼마만큼의 에너지가 우리에게 도달하는지 측정하면—겉보기 밝기를 측정하면—그 전구가 얼마나 멀리 있는지 알 수 있다.

표준광원은 밝기를 알고 있는 전구와 같다. 초신성 프로젝트에서 표준광원은 *1a*형 초신성이었다. 1a형 초신성은 백색왜성white dwarf*이 가까이 있는 이웃 별의 물질을 빨아들여 붕괴할 때 엄청난 양의 에너지를 방출하면서 만들어진다. 그런 초신성은 며칠 동안 우리 태양보다 수십억 배 더 밝아져 자신을 포함하고 있는 은하의 다른 모든 별을 합친 것보다 더 밝게 빛나 우주를 가로질러 보일 수 있게 된다.

천문학자들은 많은 1a형 초신성을 관측하여 이들이 정확하게 표준광원은 아니지만 표준광원으로 보정할 수 있다고 믿게 되었고, 그 결과를 허블 그래프에 그려보니 우주는 가속 팽창하고 있는 것으로 나타났다.

✳

가속 팽창하는 우주는 은하들을 서로 밀어내는 어떤 힘

---

\* 　태양과 같은 별이 수명을 다하고 만들어지는 작고 뜨거운 별을 뜻한다.(옮긴이)

의 존재를 내포한다. 이것은 흔히 "반중력"이라고 불리지만
별로 도움은 되지 않는다. 그 힘이 무엇이든 중력을 뒤집어
놓는 것처럼 작동하지는 않는다. 한동안 우주의 미지의 구성
성분은 종종 "정수quintessence"—아리스토텔레스의 다섯 번
째 원소—라고 불렸다. 무지를 숨기는 우아한 이름이다. 최
근에는 암흑에너지라고 불린다. 특별히 더 설명해주는 것은
없고, 앞 장에서 다룬 암흑물질과 혼동하지 말아야 한다. 이
둘은 뚜렷하게 연관되어 있지 않다. 하나는 물질이고 하나는
에너지니까.

　　암흑에너지는 4장에서 소개한 아인슈타인의 우주상수
와 아주 닮았다. 우주상수는 아인슈타인이 우주를 정지하게
만들기 위해서 자신의 장방정식에 추가한 임의의 항이다. 아
인슈타인이 그 항을 그리스 문자 람다($\Lambda$)로 썼기 때문에 오
늘날에도 암흑에너지를 방정식에서 "람다"로 쓴다. 중력과
달리 우주상수는 정말로 상수이고, 우주가 팽창해도 달라지
지 않는다. 정지한 우주론과 달리 우리 우주에서 람다는 팽
창을 가속 시키는 밀어내는 압력을 작용한다.

우리는 우주상수가 어떻게 나타났는지 모른다. 일반적인 추측은 빅뱅에서 남겨진 시공간의 진공 에너지라는 것이다. 양자역학에 따르면 우주의 진공은 비어 있지 않고 에너지로 요동치는 바다로 표현될 수 있다. 물리학자의 마음속에서 이 에너지의 바다는 광자, 중성미자, 그리고 다른 입자들을 표현하는 진동하는 작은 용수철들로 가득 찬 곳으로 그려진다. 아마도 자연의 법칙인 하이젠베르크의 불확정성 원리 uncertainty principle에 대해서 들어보았을 것이다. 불확정성 원리에 따르면 입자, 혹은 용수철의 위치와 속도를 동시에 둘 다 정확하게 아는 것은 불가능하다. 용수철의 에너지는 늘어난 길이(위치)와 진동하는 속력에 의존한다. 하이젠베르크에 따르면 이 둘은 동시에 0이 될 수 없기 때문에 진공의 용수철은 언제나 약간의 에너지를 가지고 있다.

어려운 점은, 우주가 시작할 때의 이 영점 진동zero-point oscillation의 전체 에너지를 계산해본 결과, 현재의 암흑에너지보다 최소한 $10^{120}$배 더 크게 나왔다는 것이다. 그 에너지는 변하지 않기 때문에 지금도 현재의 암흑에너지보다 $10^{120}$배 더 크다. 이것이 우주상수 문제다.

그래서 우주론자들은 선택을 해야 한다. 우선, 람다가 양자 요동의 결과가 아니라고 할 수 있다. 이렇게 하면 람다가 어떻게 나타났는지 전혀 알지 못하게 된다. 아니면 양자 요동의 값을 현재 관측되는 값으로 줄여주는 메커니즘을 찾는 것이다. 현재 관측되는 값은 보이는 물질 밀도의 약 15배다. 분명한 사실은 람다가 지금보다 $10^{120}$배 더 크다면 우리가 알고 있는 이 우주는 존재할 수 없다는 것이다. 은하들이 만들어지기에는 우주가 너무 빠르게 팽창했을 것이고, 원시 핵합성은 절대 일어나지 못했을 것이다.

결과적으로, 만일 우주상수가 원래는 간단한 계산으로 나오는 만큼 컸다고 믿는다면 그것을 아주 많이, 아주 빠르게 줄어들게 만드는 메커니즘을 만들어내야만 한다. 그것을 위한 노력은 진행되고 있지만 아직은 답을 찾지 못하고 있다.

당연히 세 번째 선택지도 있다. 최근 일부 우주론자들은 1a형 초신성이 표준광원으로 이용될 수 있는지에 대한 의문을 제시하면서 관측이 잘못되었으며 암흑에너지는 존재하지 않는다고 주장하고 있다. 이것은 골치 아픈 문제에 대한 멋진 해결책이다. (2011년 빛보다 빠른 중성미자가 발견되었다는 발표가 있었을 때 엄청난 흥분이 있었지만, 기기의 연결이 느슨했기 때문으로 밝혀진 적이 있었다.) 일부 우주론자들은 다른 이유로 암흑에너지를 의심하지만, 아직 이런 목소리는 소수에 머무르고 있다. 잉크가 마르는 시간보다는 이 책의 수명이 더 길기를 원하기 때문에 나는 이 논쟁에 참여하지 않겠다.

사실 적어도 하나의 선택지는 더 있다. 우주상수가 너무 커서 은하들이 만들어질 수 없었다면 그 우주에는 생명체가 존재하지 않을 것이 거의 확실하다. 우리가 여기서 이런 질문을 하고 있다는 사실 자체가 작은 우주상수를 지지하는 것이다. 이것은 15장에서 다시 살펴볼 인류원리anthropic reasoning의 한 예다.

✳

여러분은 우주상수 문제가 6장에 등장했던 의문의 광자 대 바리온의 비율인 10억 대 1과 비슷하다는 것을 알아차렸을 것이다. 두 문제 모두 명확한 이유 없는 숫자의 크기를 설명해야 한다. 그리고 이런 종류의 문제는 순전히 관측적인 문제인 허블 상수를 결정하려는 시도와는 다른 성질의 것이라고 느낄 것이다.

사실 그렇다. 광자 대 바리온의 비율과 우주상수 문제는 '어떻게'의 문제라기보다는 '왜'의 문제다. 전통적으로 과학은 '왜'가 아니라 '어떻게'의 동네였다. 하지만 지난 세기를 지나면서 관측과 이론 사이의 간극이 넓어지면서 이론물리학의 경향이 '왜'로 이동했다.

이런 질문은 불가피하게도 물리학자들이 차원 없는 수 dimensionless number라고 부르는 용어와 관련이 있다. 6장에서 잠깐 살펴본 것처럼 양은 비율로 나타내는 것이 언제나 가장 좋다. 대통령 후보가 선거를 9,870,325표로 이겼다고 말하는 것은 거의 의미가 없다. 9,870,325표가 투표의 87퍼센트라는 것을 알게 되면 의미가 있게 되고, 결과에 의문을 품게 될 것이다. 차원 없는 수는 단위 — 물리학자들에게는 차원 — 들이 소거되어 "순수한" 숫자만 남아 있는 비율이 된다. 납의 밀도는 1세제곱센티미터당 약 11그램이다. 이 숫자들은 서로 아주 달라 보이고 우리에게 이야기해주는 것이 별로 없다. 그런데 납의 밀도는 물의 밀도의 약 11배다. 이것이 차원 없는 수다. 이제 우리는 사과와 사과를 혹은 케이크와 케이크를 비교하고 있는 것이다.

10억 대 1인 광자 대 바리온의 비율, 그리고 우주에 있는 암흑에너지의 $10^{120}$배 더 큰 우주상수는 차원 없는 수다. 두 양성자 사이의 전자기력을 두 양성자 사이의 중력보다 $10^{36}$배만큼 크다고 이야기하면 차원 없는 수를 이용한 것이다. 그 수들이 왜 그렇게 큰지 물으면 이런 답이 돌아온다. "원래 그러니까." 그 반응을 바로 무시해서는 안 된다. 반면 물리학자들은 모든 차원 없는 수는 "자연스럽게" 거의 같은 크기, 특히 1에 가까워야 한다고 생각한다. 특정한 수가 다른 모든 수보다 10의 몇 제곱 배 더 크거나 작으면 그것은 우주가 우리가 관측하는 모습이 되기 위한 미세 조정의 예가 된다. 그러면 그 차원 없는 수가 그 크기가 되는 이유를 찾는 것이 좋다.

물리학의 역사에서 '왜'는 종종 '어떻게'로 바뀐다. 많은 우주론자들이 우주상수 문제를 "우주론에서 가장 중요한 문제"라고 여기는 것은 그들이 이것을 심각하게 받아들이고 있다는 것을 보여준다.

**미세 조정 문제는 실재하는 것일까, 철학적인 것일까?**

# 9장

# 은하들은 존재하고 우리도 존재한다

어떤 의문은 즉각적인 관심을 받는다. 5장에서 설명한 우주론의 원리는 우주가 충분히 큰 규모에서 보면 균일하다고 주장한다. "충분히 큰"이라는 말은 의도적이고 편리하게 모호하다. 하지만 철학이 아니라 단순화의 이름으로 보면 대부분의 20세기 우주론 계산은 우주가 완벽하게 균일하다고 가정한다. 원시 핵합성 계산이 전형적인 예다. 하지만 우주는 균일하지 않다. 어떤 규모에서는 그렇다는 말이다. 142쪽의 그림과 같은 컴퓨터 시뮬레이션을 본 적이 있을 것이다. 긴 필라멘트들이 허파 내부 혹은 잭슨 폴락의 그림과 닮은 우주 거대 구조다.

필라멘트들은 관측 가능한 우주의 가장 큰 구조인 초은

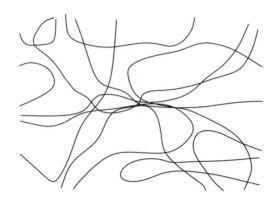

하단galaxy supercluster들이다. 각 초은하단에는 수십만 개의 은하가 있고, 길이는 수억 광년이 될 수 있다. 우리은하는 너무 작아서 이 그림에서는 보이지 않는다.

수학적인 관점에서 보면 초은하단 들은 무작위로 분포한다고 말할 수 없기 때문에 어쩔 수 없는 질문을 맞이하게 된다. 우주의 거대 구조는 어떻게 등장했을까? 우주론의 원리가 정확하게 진실이라면 이런 거미줄은 존재할 수 없고 우리도 존재할 수 없다. 불규칙한 우주라는 사실을 따르려면, (처음에 균일하게 시작했다 하더라도) 재빨리 다른 형태로 수정된 균일한 빅뱅 모형이 있어야 한다. 더구나 이제 표준 모형은 보통의 물질과 복사가 암흑물질과 암흑에너지에게 자리를 내어주는 것이 되어야 한다.

✳

우주의 거대 구조를 이해하려는 시도는 지난 40년 동안 우주론의 주요 주제였다. 전체 노력의 핵심은 우주배경복사였다. 발견된 지 약 30년 동안 우주배경복사는 완벽하게 균일해 보였지만, 은하들이 존재하기 때문에 우주론자들은 관측되는 우주배경복사가 만들어진 것과 같은 시기인 빅뱅 38만 년 후부터 은하들이 만들어지기 시작했고, 은하들의 기원은 우주배경복사에 약한 흔적을 남겨야 한다는 것을 알고 있었다.

그 흔적이 1992년 COBE에 의해 처음 발견되었을 때 언론은—그리고 많은 뛰어난 우주론자들은—"신의 지문"을 발견했다고 발표했다. 정확하게 말하면, COBE 팀은 샴페인을 터뜨렸지만, 우주론자들은 관측이 아무것도 발견하지 못했다면 더 흥미로웠을 것이라고 생각했다. 물리학은 이론과 관측이 충돌할 때, 뭔가, 어딘가 잘못되었을 때 번성한다. 이 경우는 관측이 그저 이론적인 예측을 확인해준 것일 뿐이었다.

내가 간단하게 "거대 구조 형성"이라고 부를 은하 형성 이론은 통합된 우주론의 가장 멋진 예다. 이것은 정밀한 관측, 입자물리학, 그리고 수학적 추론이 어떻게 우리 우주에 대한 믿을 만한 그림을 그리는지 보여준다.

＊

가장 단순한 수준에서, 은하 형성 과정은 중력과 팽창의 대결이다. 중력은 물질을 뭉쳐서 구조를 만들려 하고, 우주의 팽창은 그것을 방해한다. 어느 쪽이 이길까?

이 질문에 확실하게 답하기 위해서 먼저 소리에 대해서 이야기해보자. 그리고 소리에 대해서 이야기하기 위해서 Gaul에 대해서 이야기해보자. 모든 Gaul과 마찬가지로 물리학은 세 분야로 나뉜다. 입자, 용수철, 그리고 파동이다. 물리학자에게 입자가 아닌 것은 용수철이고, 둘 다 아닌 것은 파동이어야 한다. 뉴턴 물리학은 입자의 물리학이고, 현대의 장 이론들은 용수철과 파동의 물리학이다. (앞 장의 진공 에너지에 대한 논의는 적절한 그림이다.) 진정한 물리학자는 어떤 문제라도 용수철과 파동에 대한 문제로 빠르게 단순화시키며, 은하 형성에 대해서라면 음파와 빛 용수철로 단순화시킨다.

음파는 빛을 제외한 모든 파동과 마찬가지로 매질인 공기를 통과하여 이동하는 흔들림이다. 스테레오 스피커가 진동한다. 그 스피커의 진동은 앞에 있는 공기를 압축하여 팽창하게 만든다. 작은 공기 덩어리가 공기의 압력이 더 압축되지 않게 만들 때까지 수축하고, 그 압력이 공기 덩어리를 다시 팽창하게 한다. 공기 덩어리의 압력이 주위의 공기 압력 아래로 내려가면 주위의 공기가 덩어리를 다시 압축시킨다. 공기는 용수철이다.

그래서 스피커는 146쪽 그림처럼 방을 가로질러 나아가는 연속적인 진동을 만든다. 음파를 구성하는 것은 이 진동이고, 음파는 주위 공기의 밀도와 압력에 의존하는 속도로 이동한다. 일반적인 방에서 소리의 속도는 초속 340미터다. 물질이 단단할수록 소리의 속도는 더 빠르다. 철에서 소리의 속도는 약 초속 6킬로미터로 공기에서보다 17배 더 빠르다.

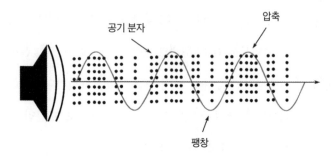

단순한 음파에서 공기의 압력 혹은 밀도는 그림에서처럼 고전적인 사인파 모양으로 높고 낮게 진동한다. 가까이 있는 두 최대 혹은 최소 압력 사이의 거리를 파장이라고 하고, 들을 수 있는 주파수의 파장은 미터 범위이다.

밖으로 나가보자. 지구의 대기는 하나의 거대한 방이다. 중력에 대항하는 공기의 압력이 없다면 자체 무게 때문에 수축할 것이다. 실제 대기에서 공기의 압력은 이런 일이 일어나는 것을 막을 정도로 충분하다. 실내에서와 마찬가지로 대기의 큰 공기 기둥이 약간 수축하면 압력이 생겨서 기둥을 다시 팽창하게 만든다. 팽창은 기둥의 압력이 주위의 공기 압력보다 낮아질 때까지 계속되고, 기둥은 다시 수축한다.

물리학자들은 공기는 중력 수축에 대해서는 안정적이고 "음향 진동"만 할 뿐이라고 말한다.

그런데 대기가 지구의 지름보다 약 1000배 더 높이 쌓여 있다고 가정해보자. 이 경우 대기의 무게가 공기의 압력이 지탱할 수 있는 것보다 더 커서 진동 없이 중력으로 수축할 것이다.

✳

초기 우주에는 비유적인 상황이 존재했다. 빅뱅 직후에 원시 수프가 우주 전체에 균일하게 퍼져 있었다면, 물질의 중력이 수프를 뭉치기 시작하게 만들 것이다. 초기 우주에 공기의 압력은 존재하지 않았지만 빛의 압력은 존재했다. 5장에서 우리는 재결합 시대 전에 광자들이 왜 전자와 충돌하지 않고서는 멀리 이동할 수 없는지 보았다. 물질에 충돌하는 광자는 물질에 압력을 준다. 돛을 단 우주선이 태양빛의 압력으로 태양계를 여행하게 해주는 것과 같은 압력이다. 이 압력은 물질이 자신의 무게로 수축하려는 경향을 막아주고 공기 중의 음파와 정확하게 같은 진동을 만든다.

방 안의 공기와 초기 우주의 빛 사이의 첫 번째 주요한 차이는 원시 수프가 공기보다 훨씬 더 단단하다는 것이다. 공기보다 더 단단한 철은 소리의 속도가 17배 더 빠르다. 그런데 초기 우주의 소리 속도는 빛의 속도의 약 60퍼센트다. (더 정확하게는 $c/\sqrt{3}$이다.) 결과적으로 원시 구조의 재료는 너무 단단해서 가장 작은 구조로 뭉쳐졌다 해도 겉보기 질량이 약 $10^{16}$태양질량인 초은하단보다 더 무거웠다. 다시 말해서 아주 초기 우주에는 어떤 구조도 만들어지지 않았다.

그런데 우주배경복사는 중성의 원자가 만들어져 광자가 물질 입자를 때리기를 멈추는 재결합 시기에 등장했다는 것을 기억하라. 이것은 물질에 미치는 빛의 압력이 거의 0으로 떨어졌다는 것과 같은 말이고, 원시 수프가 훨씬 덜 단단해진 결과로 이어졌다. 그래서 훨씬 더 작은 구조가 뭉쳐질 수 있게 되었다. 실제로는 우리은하의 100만 분의 1보다 더 작은, 대략 구상성단의 질량인 $10^5$태양질량의 구조들이다.

재결합 시기에 광자와 물질이 분리되기 전에는 이들은

하나의 수프처럼 행동해서 물질이 뭉치기 시작할 때 광자도 같이 뭉쳤다. 광자 밀도의 이 작은 변화는 우주배경복사의 미세한 온도 변화로 나타났다. COBE가 발견한 신의 지문, 그 뒤를 이은 윌킨슨 마이크로파 비등방성 탐색기(WMAP) 위성이 더 정확하게 측정하고 플랑크 위성이 극도로 정확하게 측정한 것이 바로 이 변화다. 그 요동은 약 10만 분의 1도 정도밖에 되지 않지만, 중력으로 수축하여 우리가 지금 관측하는 구조를 만들기에 충분할 정도로 컸다. 지금은 이 "아래로부터" 시나리오가 은하 형성의 그림으로 받아들여지고 있다. 가장 작은 구조들이 먼저 만들어진 다음에 점점 큰 구조로 합쳐졌다. 초은하단은 이 문장을 읽는 시간 동안 만들어졌다.

**이 그림에서 뭔가가 빠졌을까?**

# 10장
# 우주의 파이프오르간

앞에서 우주를 방에 비유한 것은 중요한 차이를 빠뜨린 것이다. 우주는 팽창한다. 팽창은 구조를 당겨서 떨어뜨리기 때문에 중력 수축을 방해한다. 경쟁의 결과는 정확한 팽창 속도에 달려 있고, 그것은 어떤 재료를 얼마나 많이 사용할 수 있는지에 달려 있다.

광자는 물질처럼 행동하지 않고 암흑에너지는 광자나 물질처럼 행동하지 않는다. 그러므로 우주의 팽창 비율이 내용물의 밀도뿐만 아니라 내용물의 성질에도 의존한다는 것은 놀라운 일이 아니다. 보이는 물질과 암흑물질의 우주는 (5장에서 "물질 우세"로 표현한) 느린 비율로 팽창한다. 광자와 중성미자가 지배하는 복사 우세 우주는 또 다른 느린 비율로

팽창한다. 암흑에너지로 가득 찬 — 우주상수에 의해 지배되
는 — 우주는 일정한 팽창 비율로 크기가 증가한다. 크게 휘
어진 우주는 또 다르게 행동한다.

팽창 비율은 구성 성분에 따라 너무 많이 달라지기 때문
에 구성 성분의 비율이 바뀌면 은하 형성 시나리오가 달라질
거라고 추측할 수 있을 것이다. 실제로 그렇다. 이 역시 다행
이다. 이것은 우주론자들이 생각할 수 있는 대부분의 제안을
제외하기 때문이다. 그러면 질문은 이렇게 된다. 우주의 현
재 나이 안에 은하들이 만들어질 수 있게 해주는 재료들의
정확한 비율은 무엇일까?

*

이 질문에 답하기 위해 다시 소리로 돌아가보자. 특히
파이프오르간으로 가보자. 대부분의 교회 오르간은 다양한
길이의 파이프 수백 개가 정렬되어 있다. 소리의 음은 파이
프의 길이가 결정한다. 구체적으로, 파이프의 길이는 파이프
안에서 어떤 파장 혹은 진동수가 공명하는지 정확하게 결정

한다. 오르간 파이프의 모양은 다양한데, 어떤 것은 양쪽 끝이 모두 열려 있다. 음파가 파이프를 통해 이동하면서 공기를 압축하고 팽창하는 동안 열려 있는 끝부분의 압력은 방의 압력과 같게 유지되어야 한다. 이것이 파이프 안에서 공기가 공명하는 조건이다. 146쪽 그림(그리고 153쪽 그림)에서처럼 그 공간에서 이 조건을 만족하는 가장 긴 파장의 파동은 파장의 길이가 파이프 길이의 2배가 되는 파동이다. 이것이 우리가 듣는 기본음, 혹은 첫 번째 조화음이다.

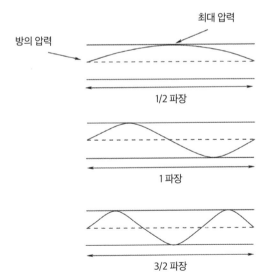

　　파장이 파이프의 길이와 정확하게 같은 파동 역시 공명
의 조건을 만족한다. 이 파동의 파장은 기본음의 절반이기
때문에 진동수는 2배가 된다. 이것을 첫 번째 배음 혹은 두
번째 조화음이라고 한다. 기본음의 3배의 진동수로 진동하
는 세 번째 조화음 역시 공명하고, 이렇게 계속 이어진다. 이
모든 경우에 압력이 최대 혹은 최소가 되는 곳에서 가장 가
까운 방의 압력 지점까지의 거리는 파장의 4분의 1이다.

　　기본적으로 우주는 파이프오르간이다.


*


　　하나의 오르간 파이프가 만드는 음파를 그래프로 그리

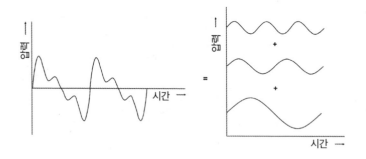

면 단순한 사인파보다는 훨씬 더 복잡할 것이다. 하지만 이상적인 모습은 154쪽 왼쪽 그림의 파동과 비슷할 것이다.

알다시피, 악기가 연주하는 음은 기본음과 더 높은 주파수에서 만들어지는 모든 배음의 합으로 이루어져 있다. 그러므로 우리는 모든 음을 154쪽 오른쪽 그림처럼 기본음에 배음들을 더한 것으로 생각할 수 있다. 각 주파수의 소리의 세기가 원래 음의 모양을 결정한다. 수학적으로 하나의 음을 배음 혹은 조화음으로 분해하는 데 사용하는 기술을 스펙트럼 분석이라고 한다. 하나의 파동을 조화음들로 분해하면 각주파수의 소리 에너지의 양을 표현하는 155쪽 그림과 같은 그래프를 그릴 수 있다. 이것은 빛이나 열 스펙트럼과 같은

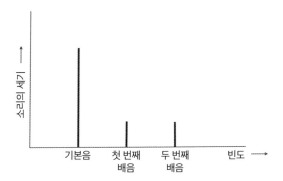

소리 스펙트럼이다.

초기 우주는 상상할 수 있는 가장 큰 파이프오르간이었
다. 우주배경복사에서 관측되는 온도 변화는 물질 밀도 변화
를 표현하는 것이라는 사실을 생각하자. 이 변화들은 크기가
모두 같지 않다. 플랑크 우주망원경이 만든 상세한 지도를
보면 어떤 변화는 다른 곳보다 더 높은 밀도를 보여주어서
밀도 변화의 스펙트럼은 파이프오르간의 소리 스펙트럼으로
비유하기에 완벽하다.

사실 밀도가 높은 덩어리들의 물리적인 크기는 정확하
게 초기 우주의 공명 주파수에 의해 결정된다. 빅뱅 직후에
는 모든 물질이 균일하게 퍼져 있었다. 이것이 수축하기 시
작하면 빛의 압력이 덩어리를 진동하게 만든다. 이 진동은
재결합 시기에 광자들이 물질로부터 분리될 때 멈춘다. 오르
간의 파이프에서 압력(이 경우에는 초기 우주의 빛의 압력)이 최대
인 곳은 "주변 압력"으로부터 진동의 4분의 1만큼 떨어진 곳
이다. 그러니까 초기 우주의 기본 진동은 물질 덩어리가 수
축하기 시작하는 조건에서 진동이 멈추는 재결합 시기까지

157

딱 한 번 수축할 기회가 있었던 진동이다. 첫 번째 배음은 한 번 수축했다가 한 번 팽창한 것이다. 두 번째 배음은 한 번 수축했다가 한 번 팽창한 다음 한 번 더 수축한 것이다.

독자들은 오르간의 파이프에는 물리적인 길이가 있는데 여기에서는 내가 빅뱅과 재결합 시기 사이의 시간을 이야기하고 있다고 이의를 제기할 수 있을 것이다. 하지만 모든 시간 간격은 길이에 해당한다. 이 경우에 길이는 소리가 빅뱅과 재결합 시기 사이에 이동한 거리가 된다. 소리의 속도는 약 $0.6c$였기 때문에 길이는 약 수십만 광년이 된다. 진동의 기본 파장은 오르간 파이프에서와 마찬가지로 이 길이의 4배가 된다. 배음들의 파장은 점점 작아진다.

우주는 이 진동들이 자신들의 흔적을 우주배경복사에 남긴 후 약 1000배 팽창했다. 파동들은 우주와 함께 팽창하기 때문에 모든 조화음들은 같은 양만큼 늘어났다. 하지만 이들은 오늘날의 하늘에서 잘 구별될 수 있다. 기본 진동은 달 크기의 2배인 약 1도의 각크기로 보여야 한다. 배음들은 점점 더 작은 크기로 보여야 한다.

가장 놀라운 것은 수십 년 동안 이어진 지상과 위성 관
측으로 예측된 조화음들이 발견되었다는 것이다. 예를 들어,
원시 밀도 변화를 보여주는 플랑크의 지도는 소리 스펙트럼
으로 분해될 수 있다. 이런 *바리온 음파 진동*—대부분의 사
람들에게는 음파, 열혈 지지자들에게는 신의 지문—은 모든
우주론 세미나에 등장한다. 158쪽 그림에서 보이는 첫 번째
꼭대기는 우주 오르간의 기본음, 다른 꼭대기들은 배음이다.

수축은 우주의 팽창 비율에 의존하고, 우주의 팽창 비
율은 구성 성분에 의존하기 때문에 그래프는 그것을 반영해

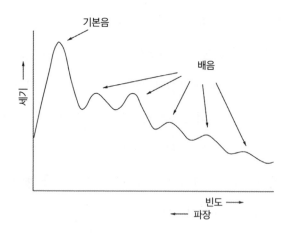

야 한다. 실제로 우주배경복사의 온도 변화 스펙트럼은 우리 우주론 모형의 가장 정밀한 시험대가 된다. 닫힌 우주—공처럼 휘어진 우주—에서는 멀리 있는 물체가 평평한 공간에 있는 것보다 더 크게 보인다. 이것은 꼭대기들을 더 큰 각크기, 이 그래프에서는 왼쪽으로 이동시키는 효과를 만든다. 꼭대기들이 관측된 곳에 있으므로 우주는 우리가 아는한 평평해야 한다. 이것은 3장에서 말한 기본 원리, 우주의 기하학은 유클리드에 가깝다, 다시 말해서 평평하다는 것이다.

우주가 평평하다면, 정의에 따라 우주를 이루는 모든 재료—보통 물질, 복사, 암흑물질, 암흑에너지—의 밀도 합은 4장에서 이야기한 임계밀도가 되어야 한다. 그렇다면, 우주론에서 가장 중요한 게임은 우주의 재료들의 비율로 관측된 그래프를 가장 잘 맞추는 것이 된다.

물질을 생각해보자. 만일 보통의 중입자 물질(양성자와 중성자)이 우주의 유일한 물질이었다면, 재결합 시기에 빛의 압력이 사라진 후에야 수축을 시작할 수 있었을 것이다. 하지만 지금은 우주의 물질 대부분은 어떤 형태로도 빛과 상호

작용하지 않는 암흑물질이라고 확신하고 있다. 결과적으로 초기 우주에서 빛의 압력은 암흑물질에 영향을 미치지 못했고, 암흑물질은 모든 음향 진동과 연관되지 못하게 되었다.

암흑물질은 중력으로 존재를 드러내기 때문에 당연히 수축한다. 만일 암흑물질이 양성자 질량의 수백 배에 이르는 무거운 WIMP로 이루어져 있다면 거의 빅뱅 직후부터 수축을 시작했어야 한다. 암흑물질의 존재는 5장에서 설명한 "물질 우세" 시기, 즉 재결합 이전 시기에 중요했기 때문에 바리온 물질의 수축을 이끄는 "중력의 중심" 역할을 했을 것이다. 더 많이 모인 곳은 원시 소리 스펙트럼에서 더 높은 꼭대기가 되었다.

암흑물질이 중성미자로 이루어졌다고 가정해보자. 암흑물질은 암흑물질이고, 그런 점에서는 중성미자가 WIMP와 전혀 다르지 않다. 실제로 존재한다는 것 외에는. 중성미자는 똑같이 바리온들의 수축을 시작하게 하는 중력의 중심 역할을 할 수 있다. 문제는 중성미자는 WIMP에 비해서 극도로 가벼운 입자이고 초기 우주에서 거의 빛의 속도로 움직이고 있었다는 것이다. 이것은 너무나 빨라서 초은하단 규모 정도가 아니고서는 자체 중력으로 수축하기가 어렵다. 그렇게 되면 중력의 중심은 거의 우주의 크기가 되어서 구상성단과 같은 작은 구조들이 만들어질 수 없다.

높은 속도의 입자들은 뜨거운 암흑물질, WIMP처럼 무겁고 느리게 움직이는 입자는 *차가운 암흑물질*이라고 한다. 일반적으로 작은 규모로 수축한 것을 표현하는 음향 스펙트럼의 높은 배음들은 뜨거운 암흑물질 우주에서 사라져버린다. 높은 배음들이 존재하기 때문에 우주론자들은 우주의 암흑물질이 차갑다고 믿고 있다.

현재 우주의 팽창 비율을 결정하는 중요한 요소인 우주상수는 우주배경복사 스펙트럼에 큰 역할을 하지 않는 것으로 드러났다. 현재는 (보통이나 암흑) 물질을 에너지 밀도에서 "능가하고" 있지만, 우주상수의 에너지 밀도는 초기 우주에서도 같았다. 우주상수는 결국은 상수이기 때문이다. 물질과 복사의 에너지 밀도는 과거로 가면 빠르게 증가하여 불과 몇십억 년 전으로만 가도 우주상수의 에너지를 능가한다. 그러

므로 훨씬 더 이른 시기인 우주배경복사가 만들어질 때는 우
주상수가 거의 역할을 하지 않았다. 그럼에도 불구하고 우주
론자들은 우주상수가 존재한다고 믿는다. 우주의 가속 팽창,
그리고 아직 언급하지 않은 또 다른 이유들 때문이다.

그중 하나는 우주배경복사의 중력렌즈다. 7장에서 본
MACHO가 뒤에 있는 빛의 상을 왜곡시키는 것처럼 우주배
경복사의 플랑크 지도도 우주배경복사가 만들어진 약 138억
광년 거리의 관측 가능한 우주의 끝과 우리 사이에 있는 물
질―초은하단―에 의해 왜곡되었다. 돋보기에 의해 만들어
지는 상이 눈과 물체 사이 돋보기의 위치에 의존하는 것처
럼, 우주배경복사의 왜곡도 렌즈를 일으키는 물질의 위치에
의존한다. 팽창하는 우주에서 이것은 우주상수를 포함하여
위의 모든 재료에 의존한다. 우주배경복사 스펙트럼에 잘 맞
는 비율을 찾기 위해서는 암흑에너지가 필요하다.

드디어 현재의 표준 모형인 $\Lambda$CDM 모형에 도달했다. 람
다(우주상수)와 차가운 암흑물질이라는 의미다. 그래프와 가
장 잘 맞는 값은 암흑에너지 68.5퍼센트, 암흑물질 26.7퍼센

트, 보통 물질 4.8퍼센트이다. 하지만 나를 인용하진 말라.

✱

ΛCDM 모형은 성공적인 만큼 열린 질문을 남겨놓고 있다. 첫째, 일단 모든 재료가 손에 있으면 현재의 허블 상수를 바로 계산할 수 있다. 불행히도 바리온 음향 진동과 중력 렌즈를 고려하여 구한 값은 천문학자들이 사용하는 단위로 67.4인데, 초신성* 관측으로 구한 값은 73.9로 약 10퍼센트의 차이가 있다.** 천문학자들은 허블 상수에 십자군 같은 열정으로 매달리기 때문에 이 문제가 해결될 때까지 편하게 쉬지 못할 것이 분명하다.

10퍼센트의 차이가 그렇게 중요할까? 허블 법칙에서 약간 벗어난 관측 결과로 우주의 가속 팽창을 발견했다. 하지만 현재로서는 어딘가 실수가 있는 것처럼 보인다. 머지않아

---

*     질량이 큰 별이 수명을 다하면서 폭발하는 별을 의미한다.(옮긴이)

**    천문학자들이 쓰는 단위는 67.4km/sec/Mpc이다.

관측은 $H$ 값을 더 정확하게 하는 것이 우리를 새로운 물리
학으로 이끌지 않는 어떤 지점에 ─ 이론적으로 차이가 1퍼
센트가 되는 지점 ─ 이르게 될 것이고, 그 지점에 이르기 전
에 추구하는 목표가 무엇인지 물어보는 것이 현명하다.

더 중요하게는, 나는 여기에서 구조 형성에 대해서는 이
야기하지 않고 구조 형성의 시작에 대해서만 이야기했다. 하
지만 우주가 진화할수록 은하와 별의 형성과 물리학은 더 복
잡해진다. 중력 이외의 힘이 끼어들기 때문이다. 우주배경복
사가 만들어진 뒤 수억 년 동안 우주는 "암흑시대"로 들어갔
다. 이 시대의 끝에 최초의 은하들이 등장했다. 은하들은 그
이후 수억 년 동안 은하단으로 모이기 시작했고, 초은하단은
지금까지도 만들어지고 있다.

우주배경복사가 만들어질 때 신의 지문의 크기가 관측
되는 값인 10만 분의 1이라고 가정하면 이 모든 구조가 만들
어질 수 있다.

더구나 신의 지문 스펙트럼은 우주론자들이 크기 불변
성scale invariant이라고 부르는 재미있는 성질을 가지고 있다.

"크기 불변성"이란 간단히 말해 어떤 크기에서도 똑같이 보인다는 말이다. 양치식물의 잎을 확대해보면 작은 규모에서도 큰 규모와 똑같은 모습을 볼 수 있다. 상자 속에 작은 상자가 계속 들어 있는 것과 비슷하다. 오르간 파이프 스펙트럼에서 옥타브 당 소리의 세기가 변하지 않는다면 이 스펙트럼은 크기 불변성이라고 할 수 있다.*

초기 우주에서 덩어리의 부피에 대해 덩어리의 세기는 일정하게 유지된다. 바리온 음향 진동으로 만들어지는 스펙트럼이 크기 불변성이어야 하는지는 전혀 명확하지 않지만, 실제로는 그렇다.

### 신의 지문의 크기와 스펙트럼을 일정하게 만드는 것은 무엇일까?

---

\* 더 정확한 정의는 옥타브당 파장의 세제곱당 소리의 세기가 일정하다고 하는 것이다. 우주배경복사의 경우 "세기"는 밀도 변화 진폭의 제곱을 말한다.

**11장**

# 태초의 눈 깜짝할 사이:
# 우주의 인플레이션

지금까지의 이야기는 원시 핵합성이 일어나기 직적인 빅뱅 0.0001초 후를 다루었다. 더 이른 시기에 무슨 일이 있어났는지 궁금해하는 것은 당연하지만, 여기에서는 문제가, 말하자면 좀더 추측으로 간다. 빅뱅 후 마이크로초*로 돌아가면 양성자와 중성자는 그 재료인 쿼크들로 끓고 있을 것이라고 생각한다. 이런 모습은 지구의 입자가속기들로 최근에 확인되었지만, 더 이른 시기에 나타나는 새로운 입자들에 대해서는 알지 못한다. 첫 수십억 분의 1초에는 힉스 보손**이 존

---

\*      $10^{-6}$초, 100만 분의 1초를 가리킨다.(옮긴이)

\*\*     다른 입자들에게 질량을 제공해주는 기본 입자를 뜻한다.(옮긴이)

재했을 것이다. 힉스는 다른 입자들에게 질량을 주는 중요한
입자지만 여기에서는 그냥 언급만 할 것이다. 우주론에서는
중심 역할을 하지 않기 때문이다. 모든 것이 망가지는 $t=0$인
끔찍한 특이점에 대한 생각이 당연히 떠오르겠지만, 지금은
직접 대면을 피하고 우주론자들이 하는 것처럼 많은 불확실
함에도 불구하고 빅뱅 직후의 순간에 대해서 생각해보자.

1980년이 되자마자 빅뱅 $10^{-32}$초 후에 대한 새로운 이론
이 우주론 학회와 곧이어서 대중들의 상상력을 사로잡았다.
명확한 이유로 이 이론은 주요 주창자인 앨런 구스Alan Guth가
붙인 대로 "인플레이션inflation"이라는 이름을 얻었다. 앨런
구스는 그 아이디어를 세미나에서 발표했지만 미국의 데모
스테네스 카자나스Demosthenes Kazanas와 소련의 알렉세이 스
타로빈스키Alexei Starobinsky가 비슷한 내용을 이미 출판한 적
이 있다.

이름뿐 아니라 여러 이유로 인플레이션 이론은 성공적
이었다. 거의 곧바로 표준 우주론 모형에 포함되었고, 교과
서에는 당연한 것으로 실렸고, 40년 동안 우주론의 전환점

역할을 했다. 인플레이션 이론은 무수한 실험과 관측으로 확립된 양자역학과 같은 표준적인 의미의 이론이 아니라는 것을 이해해야 한다. 그보다는 앞에서 소개한 빅뱅 이론의 특정한 "약점들"을 보완하려는 목적으로 제안된 수백 가지의 모형들을 모아놓은 것이다. 아직까지는 말이다. 이 약점들은 관측에서의 이상한 현상이 아니라 그저 표준 빅뱅 모형이 설명하지 못하는 이론적 혹은 철학적 난제들이다. 이것은 수성의 근일점 이동보다는 6장의 광자 대 바리온의 문제나 8장의 우주상수 문제에 훨씬 더 가깝다. 인플레이션 이론이 정말로 이 의문들을 해결했는지는 더 격렬한 논쟁의 주제가 되었고, 이것이 성공할지 아니면 역사의 뒤안길로 사라질지는 미래의 우주론자들이 결정할 것이다.

＊

인플레이션 이론의 발명은 로버트 디키가 오랫동안 강조해온 두 문제를 해결하기 위한 것이었다. 첫 번째는 평평성 문제flatness problem라고 알려져 있다. 이 책 전체에서 말하고 있는 것처럼 실제 우주는 관측 결과가 말해주듯이 거의 완벽하게 평평하다. 왜 그럴까?

"그러면 안 되나?" 이렇게 대답할 수도 있겠지만, 그렇게 쉽게 무시할 수 있는 문제가 아니다. 현재 우주가 거의 평평하다면 우주의 밀도는 4장에서 본 "닫힌" 구형 우주와 "열린" 감자칩 우주를 나누는 임계값에 가깝다. 이것이 얼마나 가능한 일일까? 감을 잡기 위해서, 현재의 우주 밀도가 임계값의 99.5퍼센트라고 가정해보자. 그렇다면 원소들이 만들어지기 시작한 빅뱅 1초 후에는 밀도가 임계값의 $10^{17}$분의 1이고, 내가 무작위로 선택한 것이 아닌 시간인 빅뱅 $10^{-36}$초 후에는 약 $10^{52}$분의 1의 확률로 우주가 평평했을 것이다. 다시 말해서, 우주는 상상할 수 없을 정도의 정확도로 평평하게 미세조정되었다.

우연을 잘 받아들이는 사람에게도 빅뱅이 그렇게 평평한 것은 완전히 불가능해 보인다. 광자 대 바리온의 비율이나 우주상수 난제처럼 이것도 '왜'의 문제다. 앞에서처럼 우주론자들은 이것을 '어떻게'의 문제로 바꾸는 것을 좋아한다. 이들은 미세조정을 피하고 우주가 어떻게 시작되었는지에 상관없이 우주를 평평하게 만드는 메커니즘을 찾는 것을 좋아한다.

그런데 우리가 다루는 우주가 하나뿐인데 "가능"하거나 "불가능"하다는 것이 무슨 의미가 있을까? 우리는 유일한 우주 때문에 생기는 어려움을 해결하기 위해 최선을 다한다. 이것은 다음 장에서 다룰 것이다.

✳

인플레이션 이론이 해결했다고 주장하는 두 번째 디키의 난제는 *지평선 문제*horizon problem라고 알려져 있다. 우주배경복사의 온도는 모든 방향으로 놀라울 정도로 균일하게 관측된다. 앞 장의 "신의 지문"은 세계에서 가장 높은 건물인 부르즈칼리파와 비교했을 때 구슬 두께만큼만 불균일하다. 어떻게 이런 놀라운 균일성을 가질까? 또 하나의 우연인가?

상황을 좀더 생생하게 하기 위해서, 관측 가능한 우주에 $10^{87}$개라는 엄청난 수의 광자가 있다고 하자. 이들은 관측 가능한 우주 안에 있기 때문에 빅뱅 이후 빛이 이동할 수 있는

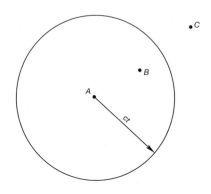

거리—4장에서 이야기한 우주의 *지평선*—안에 있다. 어떤 신호도 빛보다 빠르게 이동할 수 없으므로 우주의 지평선은 궁극적인 소통의 장벽이 된다. 서로의 지평선 너머에 있는 두 물체는 절대 서로에게 영향을 줄 수 없다. 172쪽의 그림에서 A의 지평선은 빅뱅 이후 빛이 이동한 거리인 (빛의 속력)×(우주의 나이)=$ct$에 있다. 이 거리 안에 있는 A와 B는 서로에게 영향을 줄 수 있었다. A와 C는 지평선이 둘 사이의 거리만큼 커지기 전까지는 서로에게 영향을 줄 수 없다. A와 B는 인과적 접촉 관계에 있고 A와 C는 그렇지 않다.

정의에 따라, 현재의 관측 가능한 우주 안에 있는 모든 것은 우주의 지평선 안에 있다. 역시 정의에 따라, 지평선은 빛의 속력으로 자라고, 그러므로 빅뱅으로 돌아갈수록 빛의 속력으로 수축한다. 반면 우주의 팽창 비율은—은하들이 서로 멀어지는 비율—빛의 속력보다 느리다. 그러므로 과거로 돌아가면 우주는 지평선보다 더 느리게 수축한다. 결론적으로, 빅뱅에 가까워질수록 지평선 안에 있는 우주는 현재의 관측 가능한 우주보다 더 작은 비율을 차지하게 된다. 우주배경복사가 만들어진 시기에는 현재 우주의 약 10만 분의 1, 그러니까 $10^{82}$개의 광자가 지평선 안에 있었다.

이것은 멀리 떨어져 있는 우주배경복사의 두 광자 덩어리는 우주배경복사가 만들어질 때 서로 소통할 수 없었다는 것을 의미한다. 그림의 A와 C처럼 이들은 아직 인과적 접촉 관계에 있지 않았다. 그렇다면 이들은 어떻게 정확하게 같은 온도가 되었을까? 이것이 지평선 문제다.

✳

인플레이션이 해결했다고 주장하는 세 번째 난제는 자

기홀극 문제monopole problem다. 특정한 대통합 이론grand unified thery(GUT)에 따르면 강력, 약력, 전자기력은 빅뱅 $10^{-37}$초 후에 생기는 엄청나게 높은 온도인 $10^{29}$도에서 하나의 대통합 "장"으로 통합되어야 한다. 우주가 팽창하면서 통합장은 개별 장으로 나뉘고 소위 자기홀극이 만들어졌다. 자기홀극은 플러스와 마이너스 전하처럼 자석이 N극과 S극으로 나뉘어 있는 것이다. 그런데 나뉜 플러스와 마이너스 전하는 양성자와 전자로 어디에서나 발견되지만, 분리된 자석의 N극과 S극을 발견한 사람은 아무도 없다. 모든 자석은 N극과 S극을 다 가지고 있고, 자석을 반으로 쪼개면 2개의 더 작은 자석이 생기고 둘 다 N극과 S극을 가지고 있다.

그런데 일부 대통합 이론은 자기홀극이 초기 우주에서 엄청나게 많이 생겼고, 아주 무거워서(양성자보다 $10^{16}$배 더 무거움) 우주의 밀도를 완전히 지배하고 있어야 한다고 예측한다. 이것이 자기홀극 문제다.

✳

　이 세 문제에 대한 인플레이션 이론의 해답은 너무나 우아하고 직접적이어서 물리학자라면 누구나 이해할 수 있다. 이 이론은 대통합 이론 시대가 끝날 때—그러니까 빅뱅 후 $10^{-36}$초에서 $10^{-32}$초 사이에—우주가 지수적으로 급격히 팽창하여, 엄청나게 짧은 시간에 크기가 $10^{27}$배 혹은 $10^{28}$배만큼 커졌다고 가정한다. 이것은 팝콘 알갱이가 관측 가능한 우주의 크기만큼 커진 것과 같다.

　만일 당신이 팝콘 알갱이 위를 걷고 있는 개미인데 팝콘이 갑자기 $10^{28}$배만큼 커진다면 그 표면은 완벽하게 평평해 보일 것이다. 이것이 평평성 문제에 대한 인플레이션 이론의 해답이다.

　자기홀극 문제도 같은 방식으로 사라진다. 우주에 있는 자기홀극의 거대한 수는 엄청난 팽창으로 희석되어 밀도가 관측 가능한 우주당 하나가 되었고, 우리는 그것을 발견하지 못한 것이다.

지평선 문제는 조금 더 복잡하다. 이것은 하늘의 멀리 떨어져 있는 부분들이 어떻게 상호작용하여 균일하고 주름이 펴진 우주배경복사를 만들었는지 묻고 있다. 표준 모형에서는 과거로 갈수록 우주의 지평선이 우주의 크기보다 더 빠르게 수축했기 때문에 $10^{-36}$초의 지평선은 우주의 크기보다 약 $10^{27}$배만큼 더 작았다. 그래서 사실상 우주에는 사실상 상호작용할 수 있는 입자들이 전혀 없었다. 반면에, 정의에 따라, 그 작은 지평선 안에 있는 입자들은 서로 소통할 수 있었다. 그 부분이 $10^{27}$배만큼 팽창했다면 이것이 지금은 관측 가능한 우주의 크기가 되었을 것이다.

이것이 인플레이션 이론이 이루었다고 주장하는 것이다. 인플레이션 이론은 현재의 우주가 광자들이 이미 상호작용하여 불균일한 주름이 펴진 팝콘 알갱이 크기의 하늘에서 커진 것이라고 본다. 인플레이션이 균일한 우주배경복사를 만든 것이다. 하지만 주름 펴기가 어떻게 일어났는지 인플레이션 이론이 설명하지는 않는다. 이론은 주름 펴기가 일어날 수 있는 필요한 조건을 제공해줄 뿐이다.

✳

    인플레이션 이론이 그렇게 인기를 얻게 된 주된 이유는 이 세 난제들과는 관계가 없고 신의 지문 때문이다. 우주배경복사의 온도 변화는 2.7도의 10만 분의 1밖에 되지 않는다. 그리고 척도 불변성Land O'Lakes도 보인다. 이 특징은 모두 관측된 결과다. 이것은 어떻게 생겼을까?

    초기의 인플레이션 모형은 이것을 설명한다고 주장했다. 8장을 돌아보면, 물리학자들은 진공인 공간은 진공 에너지 요동이라는 작은 에너지 요동으로 가득 차 있다고 믿고 있다. 인플레이션 이론은 이 양자 요동이 빅뱅 직후에도 존재했고, 14장에서 살펴볼 양자중력 시대를 만들었다고 상정한다. 인플레이션이 이 요동을 급팽창시켜서 우주배경복사의 요동으로 만들었다. 그리고 그렇게 되면 이 진동들의 스펙트럼은 척도 불변성을 가진다.

＊

그러니까 인플레이션이 일어났다면 우리 우주의 특정한 의문의 성질들을 설명할 수 있을 것처럼 보인다. 하지만 이 인플레이션은 어떻게 일어났을까? 여기에서 수백 개의 다른 인플레이션 모형이 나온다. 대부분은 암흑에너지와 다르지 않은 새로운 장을 상정한다. 우주의 팽창 비율은 구성 요소에 의존한다는 것을 기억하라. 우주에 암흑에너지가―우주상수가―우세하면 프리드만 방정식은 우주의 크기가 지수적으로 증가한다고 말해준다. 실제로 현재의 우주는 우주상수가 우세하기 때문에 우주는 지금 거의 지수적으로 팽창하고 있다.

인플레이션 시나리오에서는 똑같은 일이 빅뱅 $10^{-36}$에서 $10^{-32}$초 사이에 일어났다. 그때의 우주는 현재의 암흑에너지와 같을 필요는 없지만 179쪽 그림에서 보인 당시의 우주상수와 비슷한 새로운 형태의 에너지가 우세했다. 이 거의 일정한 에너지가 인플레이션의 지수적 팽창을 만들었고, 인플레이션 시기가 끝날 때 줄어들다가 사라졌다. 179쪽 그

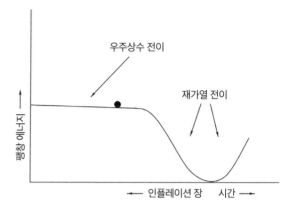

림을 퍼텐셜 에너지 다이어그램이라고 한다. 다들 알겠지만,

언덕 위의 공과 같은 어떤 계는 가장 낮은 에너지를 찾는 경

향이 있다. 그래서 굴러 내려간다. 물리학자들은 흔히 우주

를 인플레이션 장이 만든 에너지 곡선의 꼭대기에 놓여 있는

공으로 시각화한다. 공이 거의 평평한 언덕을 굴러 내려오면

서 인플레이션이 일어난다. 인플레이션의 끝에는 공이 우물

로 빠르게 떨어져 모든 에너지를 잃어버린다.

　하지만 유명한 에너지 보존법칙을 지지하기도 하는 물

리학자들은 우주의 지배적인 에너지 형태가 흔적도 없이 사라져버리는 것에 대해서 믿기를 꺼린다. 그래서 기본적으로 이런 그림을 그린다. 인플레이션이 일어나는 동안 우주는 우주론의 난제들을 해결할 수 있을 정도로 충분히 팽창한다. 엄청난 팽창은 자기홀극, 광자, 중성미자, 그리고 다른 모든 내용물을 가진 우주를 텅 비게 만든다. 인플레이션이 끝나면 장이 만든 인플레이션이 사라지면서 그 에너지를 현재의 우주를 구성하는 입자들로 바꾼다. 인플레이션과 이어지는 소위 "재가열"은 모두 눈 깜짝할 사이보다 훨씬 더 짧은 시간에 일어난다.

   인플레이션 에너지는 왜 사라지는가? 최초의 제안은 상전이phase transition로 잘 알려진 현상에 기반하고 있다. 물은 천천히 조심스럽게 냉각하면 어는점보다 훨씬 낮은 온도로 만들 수 있다. 하지만 이 물에 먼지 입자 하나가 빠지면 이것이 얼음의 중심핵이 되어 물은 모든 곳에서 빠르게 얼어붙는다. 대통합 이론에서는 초기 우주의 진공 에너지에 이것과 비슷한 일이 일어나서 통합된 힘이 각각의 힘으로 나뉘어졌다는 생각이 인기를 끌었다. 진공 에너지는 큰 값으로 시작하여 인플레이션이 일어나는 동안 "초냉각" 되었다가 현재의 값으로 상전이 되었다. 나중에 나온 인플레이션 이론들은 179쪽 그림과 비슷한 퍼텐셜 에너지 다이어그램을 가진 새로운 장을 상정할 뿐이다.

거칠게 말하면 이 장에서 그린 그림은 인플레이션 이론이 어떻게 우주의 골칫덩어리를 해결했는지 보여준다.

**뭔가가 빠진 게 있을까?**

# 12장
# 인플레이션, 할 것인가 말 것인가

앞에서 나는 지나치게 논의를 단순화했고 심지어 거짓말까지 했다. 인플레이션 이론의 그림이 유명한 우주론 문제들에 멋진 해결책을 제공해주었지만 이 이론은 과학에서 늘 그렇듯 철저하게 검토되었고, 현재 이 이론의 미래는 처음 등장한 직후의 몇 해에 비해서 훨씬 덜 확실하다.

자기홀극 문제를 생각해보자. 수십 년 동안의 노력에도 불구하고 대통합 이론의 실험적 증거는 발견된 적이 없고, 엄청난 수의 자기홀극을 예측하는 이론이 틀렸을 수도 있다. 그렇게 되면 자기홀극 문제는 사라진다.

신의 지문을 생각해보자. 인기 있고 기술적인 대부분의 설명은 요동의 스펙트럼과, 그 스펙트럼이 가장 단순한 인플레이션 이론의 예측과 얼마나 잘 맞는지에 초점을 맞춘다.
하지만 요동의 크기―10만 분의 1도―역시 설명되어야 한
다. 단순한 모형에서 이 수를 재현하려면 179쪽 그림의 퍼텐
셜 모양을 극도로 정확하게 조정해야 한다는 것을 오랫동안
알고 있었다. $10^{14}$분의 1 정도만 변해도 틀린 답을 얻는다.
이것은 미세조정의 또 하나의 예이며, 필요한 모양을 얻기
위해 필요한 퍼텐셜을 선택하도록 강제함으로써 우리는 하
나의 미세조정 문제를 다른 것과 바꾼 것일 뿐이다.

　더구나 척도불변 스펙트럼이 인플레이션 이론의 예측과
맞더라도 인플레이션 이론이 그것을 만들어내는 유일한 과
정은 아니다(다음 장에서 볼 것이다). 이것이 사실이라면 모형 중
에서 어떻게 결정할 것인가? 사실 인플레이션 이론은 척도
불변 스펙트럼을 예측하는 것이 아니라 척도불변 스펙트럼
에 가까운 것을 예측한다. 적어도 일부 우주론자들은 플랑크
위성의 자료가 이미 인플레이션 이론의 진정한 예측에 맞지
않으므로 이 이론은 13장에서 논의할 모형에 맞게 폐기되어
야 한다고 주장한다. 당연히 인플레이션 이론 지지자들은 이

에 동의하지 않는다.

＊

　인플레이션 시나리오는 우주론자들에게 또 다른 모호함과 어려움을 제시한다. 예를 들어, 두 세기가 넘는 동안 알려진 것처럼 유리에 반사된 빛은 편광된다. 이것은 무슨 의미일까? 전자기파인 빛은 빛이 진행하는 방향에 수직으로 진동하는 전기장과 자기장으로 이루어져 있다. 전기장이 가리키는 방향을 편광 방향 혹은 편광축이라고 한다. 백열전구에서 나오는 빛은 편광되어 있지 않다. 전구는 전기장이 모든 방향으로 향하는 빛을 임의로 방출한다는 말이다. 편광되지 않은 빛은 전기장이 서로 수직 방향을 가지는 두 독립적인 광선으로 이루어져 있다고 생각할 수 있다. 이런 광선이 유리를 때리면 한 방향만 선택적으로 반사하기 때문에 편광된다. 즉, 전기장이 한 방향으로만 진동한다.

　이것이 사실이라는 것은 다들 안다. 편광 선글라스는 분자들이 이런 방식으로 배열되어 한 방향만 통과시켜 편광되지 않은 빛의 세기를 절반으로 줄인다. 자동차 앞유리에 반사된 빛은 이미 편광되어 있기 때문에 선글라스의 편광축을 그 빛의 전기장에 수직인 방향으로 회전시키면 거의 아무것도 보이지 않게 된다.

우주배경복사는 거대한 자동차 앞유리다. 우주배경복사가 만들어지던 시기에 광자들이 전자들을 때렸고, 그 결과로 전자가 전기장 방향으로 진동하게 되었다. 흔들리는 전자는 한 방향으로만 선택적으로 빛을 재방출하여 빛은 편광되었다. 원시 수프가 완전히 균일했다면 광자는 전자를 모든 방향으로 동일하게 때렸을 것이고 전체 편광은 0이 되었을 것이다. 하지만 작은 신의 지문은 우주배경복사의 유리가 완벽하게 균일하지 않다는 것을 의미하고, 이것은 작은 편광을 만들었다.

우주배경복사의 편광은 놀랍도록 민감한 많은 망원경에 의해 정밀하게 관측되어왔다. 모두 DASI나 ACT와 같은 약자를 가지고 있고, 남극이나 칠레 아타카마사막에 있다. 그리고 모두 이 그림을 확인시켜주었다.

인플레이션 이론은 아주 초기 우주의 요동하는 양자장이 만들어낸 원시 중력파의 존재 역시 예측한다. 3장에서 우리는 시공간을 이동하면서 감지기를 늘렸다가 수축시키는 중력파를 만났다. 중력파는 우주배경복사가 만들어질 때 원시 수프에 같은 작용을 하여 불균일과 편광된 빛을 만들었다. 하지만 중력파가 배경을 늘렸다가 수축시키는 것은 음파 요동에 의한 덩어리(10장에서 이야기한 덩어리)가 만드는 것과는 다른 지문을 만든다. 원리적으로는, 충분히 민감한 망원경을 이용하면 두 다른 형태를 구별할 수 있다.

원시 중력파에 의한 우주배경복사의 편광은 음파 요동으로 인한 것보다 훨씬 약할 것으로 예측되지만, 일부 우주론자들은 이 편광이 발견된다면 이것은 인플레이션의 "스모킹건"이 될 것이라고 주장한다. 2014년 BICEP2 팀이 이것을 발견했다고 하버드에서 대중에게 발표했지만 나중에는 취소했고, 원시 중력파는 지금까지 발견되지 않고 있다. 앞에서도 말했지만 일부 우주론자들은 플랑크 위성 자료가 이미 인플레이션 이론을 배제시켰다고 말한다.

*

그런데 인플레이션 이론에 대한 주된 반박은 기본적인 가정에서 튀어나온다. 내가 양자 요동에 대해 이미 몇 번 언급하고 인플레이션이 거기에 무엇을 했는지 이야기했지만, 우주의 시작에 대한 양자 이론은 아직 존재하지 않는다는 것을 이해하는 것이 중요하다. 그러니까 인플레이션 이론은 우주의 진짜 양자 이론이 될 수 없고, 인플레이션 모형은 예상되는 양자적인 행동을 "흉내 내는" 평범한 고전 물리학을 이용한다는 것이다. 실제로 인플레이션 이론에 대한 주된 반대는 이 분야가 순전히 인플레이션을 만들어내기 위한 목적으로 도입되었고 관측이나 이론적인 정당성이 없다는 것이다.

관련된 어려움은 인플레이션이 가정된 원시 양자 진동을 우주배경복사에서 관측되는 요동이 될 때까지 펼쳐준다는 사실이다. 양자 이론에서 고전 이론으로의 전환을 제공해주는 메커니즘은 없다. 실제로 인플레이션이 우주론의 문제를 해결하는 데 필요한 것보다 조금 더 길게 진행되었다면 인플레이션의 순간에 진동의 파장은 $10^{-33}$센티미터보다 더 짧다는 것을 보일 수 있다. 이것은 아주 작은 수다. 사실 플랑크 길이planck length라고 부르는 이 길이는 고전물리학이 모두 무너지고 중력의 양자 이론이 등장해야 한다고 물리학자들이 믿고 있는 길이다. 그런 이론은 아직 존재하지 않기 때문에 양자중력 시기에 일어났을 수 있는 내용에 의존하는 모든 것은 회의적으로 여겨야 한다.

하지만 지금은 인플레이션 모형들이 양자적인 행동을 그럴듯하게 재현한다고 가정한다. 양자장 요동은 우주 전체에서 무작위로 일어난다. 작은 요동이 큰 요동보다 훨씬 더 많지만, 그래도 어쨌든 큰 요동은 종종 일어난다. 인플레이션 동안에 우주의 한 장소에서의 큰 요동이 장을 179쪽 그림에서 곡선의 높은 곳으로 움직이게 하여 인플레이션이 끝나기 전에 그 지역에 더 많은 인플레이션을 일으킬 수 있다. 이 "거품"이 급팽창하면 더 많은 요동이 생기고 더 길게 급팽창하는 딸 거품을 만드는 과정이 계속 반복된다. 인플레이션이 말 그대로 영원히 지속된다. 그래서 이것은 여러 딸 우주에서 다양한 규모의 인플레이션이 일어나는 아주 불규칙한 상황으로 끝이 난다. 어떤 곳에서는 인플레이션이 우주론의 난제들을 해결하지만 다른 곳에서는 그렇지 않다. 이 다중우주 multiverse는 인플레이션 패러다임에서는 피할 수 없는 것으로 보이는데, 15장에서 이것을 더 자세히 살펴볼 것이다.

현재 중요한 점은 다중우주가 대중에게는 아주 인기가 있지만 개념적으로는 극도로 어렵다는 것이다. 특정 우주가 우주론의 난제를 해결할 가능성을 계산한다고 해보자. 무한한 수의 우주를 다루고 있다면, 최소한 쉽지는 않다. 25퍼센트가 노란색이고 75퍼센트가 검은색인 다트판에 다트를 무작위로 던지면 직감적으로 검은색 부분을 노란색 부분보다 3배 더 많이 맞출 것이라는 생각이 든다. 무한히 큰 다트판이 있어도 여전히 검은색을 노란색보다 3배 더 많이 맞춰야 하고, 이것이 사실이라고 생각하여 실제로 가능성을 정의할 수 있다.

반면, 다트판에 무수히 많은 수의 다른 색이 있다면 그중 하나를 맞출 가능성은 실질적으로 0이다. 인플레이션이 성공적으로 다룰 수 있는 모든 조건을 표현하는 무한한 수의 녹색이 있다고 하자. 하지만 역시 무한한 수의 붉은색, 노란색, 연노랑색 등도 있다. 그러면 녹색을 맞출 확률은 0보다 클까? 검은색과 노란색의 다트판과 마찬가지로, 유한한 크기의 다트판에서 녹색을 맞출 *가능성*이 보라색을 맞출 *가능성*보다 *3배* 더 높다면 이것이 무한한 다트판에서도 여전히 사실이라고 가정한다고 말할 수 있어야 한다.

인플레이션 이론은 이런 딜레마를 제시한다. 우주론적 난제들을 해결하는 우주를 만들 가능성을 묻는다면, 어떤 조건—색—이 다른 것보다 더 가능성이 높은지 결정할 필요가 있는데 그렇게 하는 합의된 방법은 없다. 우주론자 게리 기브스Gray Gibbons와 닐 투록Neil Turok은 대부분의 우주가 이 난제들을 해결할 정도로 충분히 인플레이션하지 않는다고 결론내렸다. 수학자 로저 펜로즈Roger Penrose는 더 멀리 나갔다. 인플레이션 방정식은 뉴턴의 방정식과 정확하게 같다. 어떤 일의 현재 상태를 알면 미래를 예측하거나 과거를 재구성할 수 있다. 아주 불균일하고 휘어진 현재의 우주—관측이 허

용하는 것보다 훨씬 더 불균일하고 휘어진 우주―를 가정하
고 방정식을 인플레이션 이전 시기로 적용시키면 인플레이
션이 불균일을 펴거나 평평하게 만들 수 없는 조건을 만들게
될 것이다. 더구나 펜로즈는 이런 불균일한 초기 조건이 균
일한 조건보다 상상할 수 없을 정도로 더 가능성이 높다고
주장한다. 그래서 그는 인플레이션이 우리 우주와 닮은 우주
를 만들 수 없다고 결론내렸다.

＊

우주의 난제들에 대한 여러 종류의 해결책이 자주 제안
되었다. 어떤 사람은 거의 평평한 우주만이 생명체를 진화시
킬 수 있다고 주장한다. 우주가 너무 심하게 닫혀 있으면 은
하들이 만들어질 기회를 얻기도 전에 거의 순식간에 빅크런
치big crunch＊로 거의 순식간에 재수축한다. 너무 심하게 열려

---

＊    팽창하던 우주가 다시 수축하여 한 점으로 붕괴되는 현상을 가리
킨다.(옮긴이)

있어도 은하들이 만들어질 수 없다. 그러므로 다중우주의 모든 가능성 중에서 우리는 우리 우주와 같은 우주를 관측해야 한다. 우리는 분명 여기 있기 때문이다. 이것은 인류원리의 또 하나의 예다. (인류원리에 대해서는 15장에서 이야기할 것이다.) 물리학자들은 그런 주장에 대해서는 회의적인 경향이 있다. 명확하게 확인할 방법이 없기 때문이다. 이것은 인플레이션 이론이 그린 그림의 어려움을 잘 보여준다. 우리에게는 단 하나의 우주밖에 없기 때문이다.

딜레마의 더 단순한 그림은 현재의 우주가 암흑에너지에 의해 지배되고 있다는 사실에서 나온다. 이 에너지가 정말로 일정하게 유지되는 우주상수라면 우주가 팽창을 계속할수록 물질과 복사 구성물은 상수만 남을 때까지 희박해질 것이다. 시공간 곡률이 제공하는 에너지조차도 결국에는 사라지고, 그러면 그런 우주는 평평해질 것이다. 그 먼 시대의 우주론자들은 우주상수가 우주를 평평하게 만드는 메커니즘을 제공하므로 평평성 문제가 없다고 말할까? 그들은 우주의 평평성이 우주상수의 크기에 의존하므로 평평성 문제는 사실 우주상수의 문제라고 말할까?

아니면 그때쯤이면 우주의 모든 별이 죽어서 그런 질문을 할 우주론자가 남아 있지 않게 될까?


**인플레이션의 대안은 있을까?**

# 13장
# 뭉침과 되튕김

$t=0$에 가까워지면 이렇게 질문할 것이다. "빅뱅 이전에는 무슨 일이 있었나요?" 혹은 이렇게 물을 수도 있다. "빅뱅 이전에 빅크런치가 있었나요?" 실제로 서문에서 언급한 가장 인기 있는 우주론 강연 후 이런 질문을 떠올릴 사람이 당신일 수도 있다. 이런 질문은 "우리가 우주의 중심에 있나요?" 혹은 "우주는 어디로 팽창하나요?" 같은 질문보다 더 인기 있는 질문이다.

"빅뱅 이전에 무슨 일이 있었나요?"라는 질문은 자연스러운 것이고, 우주론자들은 팽창하는 우주를 발견한 이후부터 이 질문에 대해 고민하고 있다. 많은 것이 제안되었지만 아직 명확한 답은 없다. 팽창 시기와 수축 시기가 번갈아

나타난다는 우주론을 순환 우주 모형cyclic universe model, 혹은
"되튕김bouncing" 우주론이라고 한다. 지난 10년 동안 이 이
론들은 인플레이션 이론의 대안으로 다시 진지하게 여겨지
기 시작했다.

순환 우주 개념은 아주 매력적이다. 우주가 과거의 특정
시간에 무에서 갑자기 튀어나왔다는 생각을 피할 수 있게 해
주기 때문이다. 수학적으로 이것은 우리가 우주의 시작 조건
을 특정할 필요가 없다는 것을 의미한다. 시작이라는 것이
없기 때문이다. 하지만 영원히 팽창과 수축 사이를 진동하는
우주를 상상하는 것도 역시 쉽지는 않다.

순환 우주가 직면하는 어려움은 항상 빅뱅 특이점big bang
singularity이었다. 우리는 더 이상 이것을 미뤄둘 수 없다. 프
리드만 우주론에서는 빅뱅의 순간에 우주의 온도, 압력, 밀
도, 팽창 비율이 모두 무한대가 된다. 이것은 우리가 이해하
는 계의 완전한 붕괴다. 결국에는 끝이 있는 전염병이나 경
기침체보다 훨씬 더 심각하다. 빅뱅 순간에는 상대성 이론의
모든 방정식이 불타버리고 우리는 그전에 무슨 일이 있었는

지 전혀 알 수 없으며, 아마 앞으로도 그럴 것이다. 프리드만 자신도 아인슈타인의 방정식이 진동하는 우주를 허용한다는 것을 알았지만 특이점에는 주의를 기울이지 않았다. 1930년 대 초에 물리학자 리처드 톨먼Richard Tolman이 더 자세한 순환 우주 모형을 만들었을 때 그는 특이점 때문에 생기는 심각한 어려움을 알아차렸지만, 기적이 일어나서 우주가 빅크런치 후에 다시 팽창할 수 있다고 가정했다.

＊

수십 년 동안 우주론자들은 프리드만의 우주보다 더 불 균일한 우주는 특이점을 피할 수 있다고 믿었다. 프리드만 모형에서 물질이 균일하게 분포되어 있고 우주가 닫혀 있으 면 공간은 구가 된다는 것을 기억하라. 우주가 수축하면 모 든 물질이 모든 방향에서 특이점을 향해 접근하여 결국에는 보이는 모든 것이 동시에 하나의 점으로 수축하여 무한대의 밀도를 만든다. 하지만 그렇게 대칭적이지 않은 우주, 예를 들면 시가처럼 생긴 우주를 상상할 수도 있다. 그런 우주에

서는 물질이 어떤 방향에서는 다른 방향보다 빠르게 수축하
여 특이점을 피할 수 있다고 상상할 수 있다.

불행히도 이렇게는 되지 않는 것으로 드러났고, 이 길
을 따라가는 모든 시도는 실패했다. 특이점은 남아 있다. 중
력이 불균일과는 관계없이 물질을 한 점으로 모으는 힘이라
는 것이 실패의 원인이었다. 1950년대부터 1970년까지 아말
쿠마르 라이초두리Amal Kumar Raychaudhuri, 로저 펜로즈, 스티븐
호킹Stephen Hawking이 만든 강력한 특이점 이론은 일반적인
조건에서 빅뱅 특이점은 피할 수 없다는 것을 증명했다.

하지만 모든 이론에는 가정이 있고, 빅뱅 특이점은 충분
히 큰 밀어내는 힘을 도입하면 피할 수 있다. 은하들을 서로
밀어내는 우주상수—암흑에너지—는 특이점을 피하는 데
필요한 정확한 종류의 밀어내는 힘을 제공해준다. 핵심 질문
은 이것이다. 천문학적인 관측과 충돌하지 않으면서 큰 되튕
김(빅바운스big bounce)를 만들려면 이것이 얼마나 커야 하며,
이것은 정말로 상수여야 하는가?

예를 들어, 현재 팽창하는 우리 우주 전에 수축이 있었

다고 가정하자. 수축하는 상태에서는 우주배경복사는 가열되고 우주상수가 빅크런치 3분 전, 온도가 10억 도에 이르기 전에 우주를 되튕길 정도로 충분히 커진다고 상정할 수 있다. 하지만 되튕김—우리 빅뱅—후에는 원시 핵합성이 일어나지 않고, 가벼운 동위원소들이 이미 존재하지 않는다면 절대 만들어지지 않는다. 더구나 그렇게 큰 우주상수는 우주를 너무 빠르게 팽창시켜 은하가 만들어지지 않게 된다. 프리드만 모형의 특이점을 피하기 위해 단순한 우주상수를 추가하는 것은 쓸 만한 대안이 되지 못한다.

그렇다면 대안은 우주가 시작될 때 우주상수와 비슷하고—아마도 그림 179쪽 그림의 퍼텐셜 에너지와 비슷한—혼란을 일으키기 전에 사라지는 뭔가를 도입하는 것이다. 수많은 것이 제안되었고 형태와 동기가 각각 다르지만 자세히 다루지는 않을 것이다. 매력적인 대안은 우주가 12장에서 언급한 플랑크 길이인 $10^{-33}$센티미터로 수축하기 전에 되튕기는 것이다. 이것은 빅크런치에 도달하기 $10^{-43}$초 전에 일어난다.

플랑크 길이와 플랑크 시간은 우리가 아는 물리학의 끝

을 표시한다. 더 짧은 길이와 시간에서는 우리가 알고 있는 시
간과 공간의 개념은 아마도 다 무너지고 특이점을 설명하거
나 피해 나가기 위해 양자중력 이론theory of quantum gravity이 필
요해질 것으로 보인다. 양자역학은 실제로 이 일을 할 수 있는
밀어내는 힘을 만들어낼 수 있지만, 이미 언급했듯이 양자중
력 이론은 존재하지 않는다. 만일 되튕김이 플랑크 길이에 도
달하기 전에 일어난다면 양자역학을 도입할 필요가 없다. 이
경우에는 이미 존재하는 전통적인 물리학에만 기댈 수 있다.

*

   지난 10년 동안 일부 되튕김 우주론들이 이 개념을 이용
했다. 인플레이션처럼 튕김을 일으키는 우주상수와 비슷한
새로운 장을 도입하지만, 이 사건은 빅뱅 약 $10^{-35}$초 후에 일
어난다. 이것은 (물리학자들의 마음에서는) 플랑크 시대에 이르
기 한참 전인 시간이다. 이것은 심지어 대통합 이론의 시대
가 되기도 전으로, 고전 물리학이 완전히 해결할 수 있다.
   이런 모형들이 인플레이션을 도입하게 만든 우주론의

난제들을 해결할 수 있는지 궁금할 것이다. 일부는 가능하다. 거의 똑같은 방법으로.

이 과정을 이해하기 위해서는 먼저 11장에서 소개한 평평성 문제에 대한 인플레이션의 해법에 대한 간단한 설명이 ─눈 깜짝할 사이에 $10^{27}$배 규모로 커져 우주가 평평해 보이게 만들었다는 설명─ 거짓말이었다는 것을 이해해야 한다. (우주론자들이 자주 하긴 하지만) 해변에 서서 바다를 보면 지구는 평평해 보인다. 수평선은 몇 킬로미터밖에 떨어져 있지 않아서 지구보다 훨씬 작기 때문이다. 하지만 지구의 반지름에 비교할 만한 높은 산 위에 서 있다면 지구의 곡면을 분명히 볼 수 있을 것이다.

그러니까 평평성은 상대적이다. 우리는 수평선까지의 거리를 지구의 크기와 항상 비교해야 한다. 수평선까지의 거리가 지구의 반지름보다 훨씬 더 작으면 지구는 평평해 보인다. 11장에서 우리는 수축하는 우주에서는 지평선이 언제나 우주보다 더 빠르게 수축한다는 것을 보았다. 그러므로 우주는 빅뱅으로 갈수록 더 평평하게 보인다.

이것은 되튕김 우주론에도 똑같이 적용된다. 수축하는 우주에서는 빅크런치로 갈수록 우주가 점점 더 평평하게 보인다. 우리는 점점 더 짧은 거리를 보게 되기 때문이다. 되튕김 후에 우리의 현재 우주가 되는 것은 바로 이 작고 평평한 시공간의 조각이다.

지평선 문제도 같은 방법으로 사라진다. 이전 순환에서 막 재수축을 시작한 아주 과거의 우주를 생각하면, 우주의 모든 부분이 지평선 안에 있었기 때문에 이미 서로 소통할 수 있었다. 우주가 크런치를 향해 수축하면 지평선은 더 빠르게 수축하고, 되튕김 후에 현재의 우주가 되는 것은 인플레이션 이론에서처럼 지평선 안쪽의 작은 부분이다. 그 부분의 모든 입자는 되튕김 전에 이미 서로 소통했기 때문에 지평선 문제는 없다.

현대 되튕김 우주론의 놀라운 특징 하나는 이 문제들이 아주 느린 수축으로 해결될 수 있다는 것이다. 수축 단계는 팽창 단계를 거꾸로 한 대칭이 될 필요가 없다. 일부 모형에서는 문제 해결을 위해서 우주가 수축해야 할 필요도 없다.

더구나 앞 장에서 단서를 주었지만, 지수적인 팽창이 우주배경복사의 척도 없는 스펙트럼을 만드는 유일한 메커니즘도 아니다. 수학적으로 일부 모형의 느린 수축은 정확히 똑같은 일을 한다.

그리고 인플레이션 이론으로 예측되었지만 아직 발견되지 않은 원시 중력파는 양자중력 시기 동안에 만들어진 요동의 결과로 가정된다는 것을 기억하라. 되튕김 우주론에서는 그 시기에 절대 도달하지 않기 때문에 원시 중력파가 만들어지지 않는다. 이 양자 요동의 부산물인 다중우주도 역시 만들어지지 않는다.

되튕김 우주론은 현재 아주 활발한 연구 분야지만, 그러한 연구 분야도 순식간에 버려질 수 있다. 큰 되튕김 이론이 인플레이션 때문에 생기는 골치 아픈 개념들을 해결해줄지 결정하기는 아직 이르지만, 이 눈 깜짝할 사이 동안에는 매력적이고 그럴듯한 대안으로 보인다.

**이런 이론들이 사실인지 어떻게 알 수 있을까?**

# 14장
# 왜 양자중력 이론인가?

이제 우리는 빅뱅 $10^{-43}$초 후에 도착했다. 이제 양자중력 이론을 만들어낼 시간 ─ 시간이 뭔가 의미가 있다면 ─ 이다. 되튕김 우주가 특이점을 피하는 데 적합하지 않다면 우주론 자들은 다른 선택지가 없다. 하지만 양자중력 이론을 만들도 록 유도한 것은 특이점보다는 자연의 힘이 하나의 힘, 전설 적인 통일장 이론unified field theory으로 통합될 것이라는 물리 학자들의 수백 년에 걸친 확신이었다.

일반상대성 이론에 반하는 관측 결과는 나온 적이 없기 때문에 이것은 과학 이론으로는 최고로 정확한 것으로 여겨 진다. 하지만 이것은 양자 현상을 고려하지 않은 고전 이론 이다. 현대 양자장 이론quantum field theory*은 일반상대성 이론

과 같은 정도로 정밀하게 검증되었지만—승자에 대한 논쟁
은 여전하다—중력은 고려하지 않는다.

　　이론물리학자들은 이 두 아주 다른 이론이 중력의 양자
이론으로 결합될 것이라고 확신하고 있다. 하지만 거의 한
세기에 걸쳐 둘을 결합시키려 한 노력은 성공하지 못했다.
가장 거친 수준에서 어려운 점은 일반상대성 이론은 아주 큰
것을 다루고 양자 이론은 아주 작은 것을 다루는 이론이라는
것이었다. 이 해명은 만족스럽지 않지만, 물리학자 존 휠러
John Wheeler는 양자중력에서 가장 어려운 질문은 이것이라고
말했다. 무엇이 질문인가?

　　몇 가지 기본적인 질문을 해보자. 답은 기대하지 말고.

　　우선, 양자 현상이란 무엇인가? 그리고 양자역학과 상대
성 이론이 결합되어야 하는 곳은 어떤 지점인가? 양자라는
용어는 오랫동안 인기 단어였지만, 자동차 광고주와 양자 치

---

　　＊　　양자 이론의 하나로, 고전적인 장 이론, 특수상대성 이론, 양자역학
을 결합한 이론을 뜻한다.(옮긴이)

료사들의 희망에도 불구하고 정확한 의미는 모호하다. 고전 물리학에서 계의 대부분의 성질은—예를 들면 계의 에너지—어떤 양도 허용된다. 하지만 양자역학의 기본 개념은 그렇지 않다. 이 양들은 정수만 가지는 돈처럼 불연속, 혹은 양자화된 단위를 가진다. 1900년 막스 플랑크Max Planck가 5장의 흑체 스펙트럼을 설명하면서 양자역학을 만들어냈을 때 그의 기본 전제는 흑체가 방출하는 빛은 에너지가 빛의 진동수에 그가 $h$라고 부른 새로운 자연의 상수를 곱한 값의 정수배로 양자화되어 있다는 것이었다. 지금은 플랑크 상수로 불리는 이 수는 모든 양자 현상의 규모를 결정한다.

1905년 아인슈타인은 빛이 플랑크가 말한 것처럼 양자화되어 있을 뿐만 아니라 빛이 입자처럼 행동하는 에너지 덩어리, 즉 양자와 관련이 있다는 것을 보였다. 플랑크가 흑체가 방출하는 빛을 말했을 때 그는 실제로는 빛 양자, 즉 광자를 의미한 것이었다. 광자의 에너지는 $h$에 빛의 진동수를 곱한 것으로 주어진다. 함께 행동하는 광자의 집단은 빛의 파동을 구성하고, 파동을 연구할 때는 개별 광자의 성질에 더 이상 관심을 기울이지 않는다. 빛의 파동은 맥스웰의 고전 전자기 이론으로 기술된다.

어떤 이론이 양자 이론인지 구별하는 한 가지 방법은 그 이론 어딘가에 $h$가 있느냐를 보는 것이다. 이론에 $h$가 포함되어 있지 않으면 이것은 고전 이론이다. 일반상대성 이론은 아무리 열심히 들여다봐도 $h$를 찾을 수 없다. 반면에 중력의 고전 이론에는 방정식에 중력의 세기를 결정하는 뉴턴의 중력상수 $G$가 포함되어 있다.

양자역학의 두 번째 중요한 성질은 유명한 파동-입자 이중성을 포함한다. 빛이 입자처럼 행동하는 것과 마찬가지로 입자도 파동처럼 행동할 수 있다. 모든 입자는 파동의 성질을 가진다. 특히 입자의 질량, 속도, 그리고 $h$로 결정되는 파장을 가진다. 이 파장을 입자가 파동처럼 행동할 때 입자의 양자 규모로 생각하라. 전자와 같은 아원자 입자는 파장이 원자 크기 규모로 아주 작아서 일상생활에서 알아차릴 수 없다. 하지만 현대의 전자제품과 같은 원자 규모의 계에서는 물질의 파동적인 성질이 엄청나게 중요해진다.

✳

이런 개념에 따라 우리는 일반상대성 이론과 양자역학이 결합되어야 하는 규모를 이해할 수 있다. 정확하게는 앞 장에서 본 플랑크 질량과 플랑크 시간이다. 측정의 모든 단위는 3개의 기본 양인 질량, 길이, 시간에 기반한다는 것을 알 것이다. 질문은 이것이다. 이 세 기본 양을 선택하는 합리적인 방법은 무엇인가?

19세기에 물리학자 조지 스토니George J. Stoney는 측정의 기본 단위를 파리에 있는 막대기의 길이*보다는 전자의 전하량, 빛의 속도 $c$, 중력상수 $G$와 같이 자연에서 나타나는 양으로 하는 것이 더 낫다고 주장했다. 나중에 막스 플랑크는 같은 생각에 따라 기본 상수 $G$, $h$, $c$를 단위계로 제안했다. 지금은 자연 단위 혹은 플랑크 단위로 불린다. 약간의 인내심

---

✳   파리에 있는 국제도량형총회Conférence générale des poids et mesures의 미터원기를 말한다.(옮긴이)

이 있으면 $G$, $h$, $c$를 결합하여 약 $10^{-33}$센티미터의 길이, 약 $10^{-43}$초의 시간, 약 $10^{-5}$그램의 질량을 만들 수 있다.*

확실히 플랑크 길이와 시간은 여러분(혹은 대부분의 물리학자)이 생각할 수 있는 어떤 것보다 상상할 수 없을 정도로 작고, 플랑크 질량은 아원자 입자들의 질량에 비해 상상할 수 없을 정도다. 현대의 저울로 측정할 수 있을 정도다. 플랑크 질량에 $c^2$을 곱하면 지구에서 가장 강력한 입자가속기인 거대강입자충돌기Large Hadron Collider(LHC)가 만드는 에너지보다 약 $10^{15}$배 더 높은 에너지인 플랑크 에너지를 얻는다.

이 이상한 숫자들이 의미하는 것은 무엇일까? 기본 상수들은 우주에서 가장 중요한 숫자들이다. 모든 자연 현상의 영역을 결정하기 때문이다. $G$는 중력의 세기를 정하고, $h$는 언제 양자 효과가 중요해지는지를 결정한다. 어떤 상황에 $c$가 등장한다면 상대성 이론이 중요한 상황이라는 것을 보여준

---

* 구체적으로 플랑크 질량은 $m_p = \sqrt{hc/G}$, 플랑크 길이는 $l_p = \sqrt{hG/c^3}$, 플랑크 시간은 $t_p = \sqrt{hG/c^5}$이다.

다. 뭔가가 거의 빛의 속력으로 움직이고 있다는 말이다.

중력장이 너무나 강해서 빛조차 탈출할 수 없는 블랙홀을 아마 알고 있을 것이다. 블랙홀의 크기는 질량과 $G$ 그리고 $c$로만 결정된다. 블랙홀의 크기는 중력 효과가 극도로 중요해지는 규모로 생각할 수 있다. 양자의 크기가—파장이—중력 규모와 같은 입자의 질량을 물어본다면 플랑크 질량을 얻을 것이다. 양자 블랙홀의 크기는 플랑크 길이고, 빛이 이것을 가로지르는 시간은 플랑크 시간이다.

그러니까 플랑크 규모는 양자 효과와 중력 효과가 똑같이 중요해지는 길이, 시간, 에너지를 나타낸다. 이 규모에서는 중력도 양자역학도 무시할 수 없고, 우주를 기술하는 중력의 양자 이론을 만들어야만 한다.

✳

이런 이론을 만드는 것은 왜 이렇게 어려울까? 기본적으로 일반상대성 이론과 양자역학의 기본 가정이 너무 다르기 때문이다. 양자역학은 중력을 무시하고 일반상대성 이론

은 양자역학을 무시한다. 다르게 말하면, 양자 이론은 특수
상대성 이론처럼 시공간이 언제나 평평하다고 가정한다. 일
반상대성 이론은 물질의 양에 따라 시공간이 휘어질 수 있다
고 가정한다.

　이것은 엄청난 기술적 어려움을 만드는 심각한 문제다.
양자역학은 뉴턴 물리학처럼 원래 입자의 이론으로 만들어
졌다. 그리고 뉴턴 역학처럼 특수상대성 이론을 고려하지 않
았다. 양자역학과 특수상대성 이론을 *상대론적 양자역학*으
로 결합시키는 것은 1920년대 말 폴 디랙Paul Dirac에 의해 이
루어졌다.

　하지만 상대론적 양자역학은 입자들, 특히 점입자로 간
주되는 전자에 계속 관심을 기울였다. 정의에 따르면, 점은
크기가 없다. 이것은 두 점전자point electron가 서로 접촉할 때
심각한 어려움을 야기시킨다. 둘 사이의 전기력이 무한대가
되는 것이다. 비슷하게, 점전자의 장의 에너지는 전자에 다
가가면 무한대가 되고, 질량도 마찬가지다. $E=mc^2$은 장의
에너지도 포함하기 때문이다.

이 딜레마를 해결하기 위한 노력은 양자장 이론을 이끌어냈다. 특히 *양자전기역학*quantum electrodynamics은 전자가 광자와 어떻게 상호작용하는지를 설명하는 이론이 되었다. 순진한 희망은, 장으로 뭔가를 밀어 넣으면 점전자에 너무 가까이 다가갈 필요가 없고, 그런 무한대―특이점―는 사라질 것이라는 것이었다.

조금 더 자세하게는, 양자장 이론에서는 모든 상호작용은 입자를 교환하는 것으로 설명되고, 전자기력은 실제로 광자의 교환이다. 이런 교환되는 입자를 *가상 입자*virtual particle라고 한다. 이것은 8장에서 논의한 진공 요동이 표현된 것으로 간주할 수 있다. 불확정성원리에 따르면 진공의 에너지는 요동하고 절대 정확하게 0이 되지 않기 때문에 불확정성원리가 허용하는 것보다 더 길지 않은 시간 범위 내에서 유지되는 입자를 만들 수 있다. 그래서 이것을 가상 입자라고 하는 것이다. 점전자를 가상 입자들의 구름으로 둘러싸면 특이점이 부드러워질 것이라고 기대되었다.

헛된 희망이었다. 상황은 더 나빠지고 무한대가 모든 곳에서 나타났다. *재규격화*renomalization라는 수학적인 방법이 무한대들의 이론을 치료하여 유한한 답을 주기 위해서 발명되었다. 답은 실험 결과와 기적적인 수준의 정밀도로 잘 맞았고, 양자전기역학은 흔히 지금까지 만들어진 가장 정밀하게 검증된 이론으로 불린다.

처음에는 재규격화가 왜 작동하는지 아무도 이해하지 못했다. 이것의 발명자 중 하나인 리처드 파인먼Richard Feynman 조차 이것을 "간교한 말장난"이라고 불렀다. 지금은 그 과정이 더 튼튼한 수학적 기반 위에 서 있어서 재규격화는 믿을 만한 장 이론의 핵심으로 여겨진다. 어떤 이론이 합리적인 답을 주도록 재규격화되지 않는다면 폐기된다.

불행히도 중력을 양자화시키는 표준 모형의 시도에서 무한대는 계속 나타날 뿐만 아니라 재규격화 과정이 실패하여 이론은 합리적인 결과를 주지 못한다.

✳

이런 심각한 어려움은 무수히 많은 양자중력 이론의 등

장으로 이어졌다. 가장 간단한 방법은 중력은 일반상대성 이론으로 고전적으로 설명될 수 있고, 빛과 같이 문제가 되는 다른 장들은 양자장 이론의 방법으로 다룰 수 있다고 가정하는 것이다. 물리학자들은 이런 접근을 "준고전적"이라고 부른다. 잡종 전략을 예의 있게 부르는 말이다. 그럼에도 불구하고 충분히 큰 블랙홀 근처에서처럼 문제가 되는 중력장이 너무 강하지 않을 때는 성과를 기대할 수 있다(블랙홀이 클수록 장은 더 약하다). 준고전적인 접근은 양자중력의 가장 유명한 성과를 가져왔다. 스티븐 호킹은 이 경로를 따라가 1974년 블랙홀이 완전히 검지 않고 흑체와 정확하게 같은 에너지를 방출한다는 유명한 발견을 했다.

블랙홀 복사는 너무 약하기 때문에 직접 관측된 적이 없다. 태양 질량과 같은 블랙홀의 온도는 약 1000만 분의 1도이고, 더 큰 블랙홀의 온도는 훨씬 더 낮아서 너무나 미미하다. 하지만 호킹의 계산은 그 복사가 흑체복사와 정확하게 같아야 한다는 것을 보여주었기 때문에 대부분의 물리학자들은 그 놀라운 결과를 금방 받아들였다.

블랙홀이 에너지를 방출한다면 질량을 잃어야 한다. 질량을 잃으면 온도는 증가하여 에너지를 더 빠르게 방출하고, 그러면 질량을 더 빠르게 잃는다. 호킹은 이 가속 효과로 인해 블랙홀이 결국에는 거대한 폭발로 생을 마감할 것이라고 예측했다. 하지만 그의 방법은 사실 중력장, 그러니까 블랙홀의 질량이 감소하지 않는다고 가정하고 있다. 그러므로 그런 예측은 추정으로 간주되어야 한다. 실제로 증발 과정은 블랙홀에 되먹임을 주어 더 증발되는 것을 늦춘다. 호킹의 동료들 중 적어도 한 명은 그 되먹임이 폭발이 일어나기 한참 전에 증발을 멈출 것이라고 이야기했다.

그 결과는 맞지 않는 것으로 밝혀질 수 있다. 하지만 이 예는 이 주제가 얼마나 어려우며 우리가 완전한 양자중력 이론에서 얼마나 멀리 있는지 보여준다. 호킹의 접근이 플랑크 시간에 적용될 수 없는 것은 분명하다.

✳

어떤 것이 가능할까? 플랑크 시간에 적용될 수 있는 것은 무엇일까?

이 문제에 대한 가장 강력한 공격은 *끈 이론*string theory인데, 이것은 이 작은 책의 범위를 넘어선다. 끈 이론은 통일장 이론, 혹은 흔히 모든 것의 이론thery of everything이라고 불리는 이론이 되려 한다. 전자기력과 핵력뿐만 아니라 (이것은 대통합 이론이 한 것이다) 중력까지 포함하는 이론이다. 끈 이론은 양자장 이론인데, 기본 구성 요소는 점입자가 아니라 플랑크 길이에 가까운 길이를 가지는 작은 끈이다. 점을 유한한 끈으로 바꾸면 무한대를 없앨 수 있다. 끈은 상하로 움직이는 열린 끈도 될 수 있고 닫힌 고리도 될 수 있다. 보통 입자들은 진동하는 끈의 배음으로 나타난다. 바이올린 줄이 (혹은 오르간 파이프가) 만드는 배음과 같은 방식이다.

끈 이론의 끈과 보통의 끈의 차이는, 보통의 끈은 우리 우주의 4차원 시공간(시간 1차원과 공간 3차원)에 존재하는 반면 끈 이론에서는 끈이 10차원 시공간(시간 1차원과 공간 9차원)에 있다는 것이다. 추가의 공간 차원은 플랑크 길이와 비슷한 길이로 말려 있다고 가정된다. 이것은 너무 작아서 우리가 알아차릴 수 없다.

끈 이론은 몇 개의 수학적인 성공을 거뒀다. 가장 성공
적인 것은 이론가들이 이것을 유명한 블랙홀의 엔트로피
entropy*를 유도하는 데 사용했다는 것이다. 이는 야코프 베켄
슈타인Jacob Bekenstein이 제안했고 스티븐 호킹이 정교화했
다. (나는 블랙홀의 엔트로피에 대해서는 이야기하지 않을 것이다. 하지
만 그 결과는 곧바로 블랙홀에 온도가 있다는 유명한 생각으로 연결된다.)
끈 이론은 중력을 전달하는 입자인 중력자graviton도 예측한
다. 여기에 대해서는 곧 좀더 이야기할 것이다.

끈 이론에 플랑크 길이가 등장한다는 것은 곧바로 이것
이 극히 초기 우주를 설명하는 이론이 되어야 한다는 것을
말해준다. 사실 이것은 극히 어려운 일이다. 지금까지 끈 이
론은 물리학의 다른 분야와 거의 접촉하지 않았다. 특히 지
구에서 할 수 있는 어떤 실험으로도 이 이론을 검증할 수 없
었다. 더구나 10차원 버전은 물질 입자(양성자와 같은)와 힘 입

---

*        에너지의 흐름을 설명할 때 사용하는 물리량을 뜻한다.(옮긴이)

자(광자와 같은)를 더 큰 집단으로 묶는 초대칭supersymmetry이라고 알려진 입자물리학 개념에 기반을 두고 있다. 초대칭에는 어떠한 실험적인 증거도 없을 뿐만 아니라 LHC 결과는 그 가장 단순한 버전을 제외하는 것처럼 보인다.

더구나 초끈 이론superstring theory의 원래 매력은 한 가지 버전만이 수학적으로 의미가 있는 것처럼 보였다는 것이었다. 그런데 지금은 $10^{500}$개 정도의 버전이 존재하여 끈 이론 풍경string-theory landscape이라고 불릴 정도로 다양한 가능성을 가지게 되었다. 이 풍경은 12장의 다중우주를 연상시킬 것이다. $10^{500}$개의 우주를 만들어내는 이론은 아무것도 예측하지 못한다고 주장하는 게 합리적일 것이다. 이것은 심각한 문제다.

✳

양자중력을 공략하는 또 다른 이론은 끈 이론만큼 잘 알려지지는 않은 고리양자중력loof quantum gravity 이론이다. 이것은 모든 것의 이론이 되려 하지는 않고, 중력을 양자화하는 것으로 스스로를 제한한다. 고리양자중력 이론은 기본 단위가 대략 플랑크 길이의 고리라는 점에서 끈 이론과 닮았지만 중력 고리는 4차원이다. 사실 이것은 시공간에 존재하는 것이 아니라 시공간의 기본 재료를 제공하는 것으로 보인다. 고리중력 계산은 블랙홀의 베켄슈타인-호킹 엔트로피도 재현했다.

고리중력에서는 플랑크 길이보다 더 짧은 길이나 플랑크 시간보다 더 짧은 시간을 말하는 것은 의미가 없다. 시간과 공간은 그 자체로 양자화되어 있다. 시공간을 유연한 격자 모양으로 생각하는 것이 도움이 될 것이다. 휘어지는 눈금이 플랑크 길이와 플랑크 시간이다. 더 가깝게는, 고리중력이 등장하기 한참 전부터 인기 있었던 양자 거품quantum form과 닮았다.

나는 양자역학이 뉴턴 물리학과 구분되는 세 번째 중요한 측면을 강조하지 않았다. 불확정성원리와 손을 잡고 가는 측면이다. 양자역학은 확률의 이론이다. 현재의 위치와 속도를 안다면 입자가 미래에 정확하게 어디에 있을지 알려주는 뉴턴 역학과는 달리 양자역학은 특정한 시간에 특정한 위치에 있을 확률만을 알려준다.

그렇다면 플랑크 시대에는 "1센티미터"나 "1초"와 같은 명확한 것은 아무것도 존재하지 않을 수 있다. 양자 거품은 일단 플랑크 시대가 끝나면 우리 우주로 "결정화"되는 확률론적 설명을 필요로 할 것이다.

중력의 양자 이론은 특이점을 어떻게 피할까? 양자 요동은 우주상수의 밀어내는 힘과 아주 비슷하게 나타나는 압력을 만들어낸다. 이것이 충분히 크다면 플랑크 시기 동안 우주를 되튕길 수 있다. 정확한 결과는 너무 많아서 셀 수 없는 특정한 모형에 의존한다. 고리양자중력 이론은 이것을 할 수 있다고 주장하지만 어떤 양자중력 이론도 현재의 우주상수가 왜 이렇게 작은가라는 우주상수 문제를 해결하지 못했다.

한 가지는 거의 확실하다. 힘이 입자로 전달된다는 전통적인 장 이론과 닮게 하기 위해서 모든 양자중력 이론은 중력을 전달하는 중력자의 존재를 예측해야 한다. 끈 이론은 이것을 한다. 하지만 중력파가 관측되었음에도 개개의 중력자는 아직 관측되지 않았고 아마 앞으로도 관측되지 않을 가능성이 아주 높다. 중성미자가 수 광년 두께의 납을 아무런 충돌 없이 지나갈 수 있을 정도로 보통 물질과 드물게 상호작용한다면, 중력자는 이보다 $10^{20}$배 덜 상호작용하기 때문에 중력자를 직접 관측하는 것은 거의 불가능하다.

이것은 중력의 양자 이론을 어떻게 실험으로 검증할 수 있을지 의문을 불러일으킨다. 일부 물리학자들은 이론의 모든 측면을 실험으로 검증할 필요는 없다고 생각한다. 가상 입자는 직접 관측이 불가능하지만 장 이론이 작동하는 방식을 시각화하는 것을 도와주는 정신적 혹은 수학적 도구로 생각할 수 있다. 중요한 것은 직접 관측할 수 있고 이론을 확인할 수 있는 현상을 예측하는 것이다.

이론이 직접 관측할 수 있는 어떤 것도 예측하지 못한다면 그저 수학적인 정합성만을 가질 뿐이다. 아주 초기 우주에 대한 이론과 모형은 실험의 영역에서 멀리 벗어나 있기 때문에 일부 물리학자들은 이론을 받아들이는 고전적인 구

분―반증, 그러니까 틀린 것으로 증명될 수 있는 것―은 더
이상 유지될 수 없다고 주장한다. 그보다는 그 이론이 옳을
수 있다는 확률(이런 확률이 뭔가 의미가 있다면)과 같은 "메타 구
분"에 기반하거나 심지어 예술적인 장점으로 이론을 받아들
일 수 있어야 한다는 것이다. 정확하게 말하면, 수학적인 아
름다움은 오랫동안 이론을 만들고 받아들이는 배경이 되는
강력한 힘이었지만 이런 모호한 성질에 기반한 제안들은 맞
는 만큼이나 틀린 것으로 드러난 것도 많았다.

최근 수십 년 동안 이론물리학의 형태와 사회학이 너무
나 극적으로 변해왔기 때문에 당연히 이런 의문이 떠오른다.
우주론자들은 핀 머리에 올라 앉을 수 있는 천사의 수를 세
고 있는 것은 아닐까? 어떤 사람은 자연스럽게 이런 속담을
떠올린다. "인간은 생각하고 신은 웃는다."


**우리는 실험 너머의 과학 시대로 들어갔을까? 실험 너
머의 과학이란 모순이 아닐까?**

# 15장
# 다중우주와 메타 물리학

여러분은 다중우주에 대한 질문을 잘 참아왔다. 나도 참을성 있게 기다렸다. 결국 어떤 우주론 강의도 이것이 등장하지 않고는 완성되지 않는다. 그 답으로는 우주론의 대가인 제임스 피블스가 2020년 하버드대학교에서 강연 후에 한 답보다 더 좋은 것이 없다. 당신은 다중우주를 믿으시나요?

아니오.

끝.

이런 경우는 그렇다. 항상 언론과 일반인은 가장 극단적인 추측에 매료되고, 직업으로 활동하는 우주론자들은 그것에 별로 관심을 갖지 않는다. 그럼에도 불구하고 다중우주는 10년 넘게 주목을 받아왔고, 이런 문제에 대해 생각하면서

느끼는 흥분은 젊은 사람들이 우주론자가 되게 하는 이유 중
하나다. 12장과 14장에서 언급한 것처럼 인플레이션 모형과
끈 이론에 따르면 분명히 다중우주가 필요하다.

그런데 이런 히드라 머리 같은 우주는 정확히 무엇인
가? "정확히"는 질문에도 답에도 자기 자리가 없을 수 있다.
어떤 면에서 이것은 의미론적인 문제다. "우주"의 정의가
"모든 것"이라면 다중우주는 존재하지 않는다. 현대 우주론
에서 일반적으로 "다중우주"가 의미하는 것은 아주 다른 성
질을 가진 "개별 우주들"의 모임이다. 어떤 것은 평평할 것
이고 대부분은 휘어졌을 것이다. 어떤 것은 자연의 기본 상
수들이 우리가 측정하는 값과 같거나 비슷할 것이다. 어떤
것에서는 엄청나게 다를 것이다. 어떤 우주에는 은하들이 존
재하고 어떤 우주에는 존재하지 않을 것이다. 우리는 그중
하나에 살고 있다.*

다중우주는 "실험 너머의" 과학의 전형이다. 다중우주
개념을 고전적인 과학으로 검증할 방법은 없어 보인다. 몇
가지 제안된 것이 있긴 하지만 적극적으로 검토해볼 정도로

진지하게 고려된 것은 없다. 우주론자들은 암흑물질을 찾는다. 이것에 대한 간접적인 관측 증거가 있기 때문이다. 하지만 다중우주를 찾지는 않는다. 이것에 대한 증거가 없기 때문이다. 피블스의 답변은 이 점을 보여준 것이다.

우리는 왜 우리가 이 특정한 우주에 살고 있는지 질문해 볼 수 있다. 더 특별하게는, 우리는 왜 우리 우주가 약 138억 년이라고 관측하는 것일까?

이것은 기본적인 인류원리 질문이다. 로버트 디키의 답이 유명하다. "우주는 수소가 아닌 원소들이 존재하기에 충분할 정도로 나이를 먹어야 한다. 물리학자를 만들기 위해서는 탄소가 필요하다는 것이 잘 알려져 있기 때문이다." 다시 말해서, 우주가 적어도 수십억 년이 되지 않았다면 우주를 관측할 우리가 존재하지 않았을 것이다. 인류원리는 더 넓게

---

＊ 양자역학과 연관된 또 다른 종류의 다중우주도 있다. 양자역학은 측정의 결과를 예측하지 않고 특정 결과의 확률만 예측한다. 일부 물리학자들은 측정할 때마다 우주가 갈라져서 모든 결과가 다른 우주에서 일어난다고 믿는다. 이것을 "양자역학의 다세계 해석"이라고 한다.

는 우리가 관측하는 우주는 생명체를 허용해야 한다는 것을
포함한다. 생명체를 만들지 못하는 우주는 관측자를 만들지
못한다. 인류원리에 따르면 생명체의 존재는 다중우주에서
특정한 우리 우주를 선택한다.

＊

1970년대에 인류원리가 인기를 얻었을 때의 반응은 회
의적인 시각에서 경멸까지 다양했다. 많은 물리학자들은 이
것을 동어반복이라고 무시했다. 우리 우주가 생명체를 허용
하는 것은 너무나 명백하다. 하지만 디키와 피블스의 비유는
이것을 좀 덜 하찮게 만들어주었다. 장전된 총과 장전되지
않은 총이 우주론자 집단에 무작위로 제공되어 러시안룰렛
게임을 한다. 나중에 똑똑한 통계학자가 나타나 열심히 분석
한 끝에 살아남은 우주론자는 장전되지 않은 총을 가지고 있
을 가능성이 아주 높다는 것을 발견한다.

당신은 이렇게 외칠 것이다. "당연하지!" 하지만 그 외
침은 이 상황이 의미 있는 사후 분석의 주제라는 것을 받아

들이는 것이다. 인류원리에 대한 주된 반대는 언제나 이것이 어떤 것도 예측하지 못하고, 그렇기 때문에 물리학 이론의 기본이 될 수 없다는 것이다. 단체 러시안 룰렛 게임은 이것을 좀 덜 분명하게 만든다. 결과는 예측될 수도 있었다. 우주로 룰렛 게임을 할 때는 특정한 우주가 장전되었는지 미리 알 방법이 없다.

그럼에도 불구하고 인류원리에서 유명한 이야기는 1953년 천문학자 프레드 호일이 인류원리를 이용하여 생명체를 유지하기 위한 탄소를 만들기 위해서는 충분한 탄소를 만드는 핵반응이 *반드시* 태양에서 존재해야 한다고 예측한 것이다. 하지만 당시 그의 논문에는 인류원리를 고려한 언급은 전혀 없었다. 그 이야기는 사후에 만들어진 것으로 보인다.

미국의 지질학자 토머스 체임벌린Thomas Chamberlin의 경우에는 상황이 다르다. 19세기에 지구의 나이에 대해 물리학자와 자연학자들 사이에 큰 논쟁이 있었다. 다윈은 종이 진화하기 위해서는 긴 시간이 필요하다고 했지만, 캘빈 경이

이끄는 물리학자들은 기존에 알려진 기작에 따라 에너지를
방출해서는 태양이 그렇게 오래 유지될 수 없다고 믿었다.
1899년 체임벌린은 캘빈의 주장은 태양이 원자에 갇혀 있는
알려지지 않은 어떤 에너지원으로 타고 있다는 것을 증명할
뿐이라고 주장했다. 다윈주의자들과 체임벌린이 옳았고 물
리학자들이 틀린 것으로 밝혀졌다. 체임벌린의 추론은 태양
에서의 핵반응 발견으로 이어질 수도 있었다.

*

　최근 수십 년 동안 인류원리는 비록 사후적이었을 뿐이
지만 우리 우주의 수많은 특성을 설명하기 위해 이용되었다.
우리의 목적에 가장 부합하는 것은 신의 지문과 우주상수의
크기를 제한하는 것이다. 우리는 우주배경복사의 요동의 크
기가 약 $10^5$분의 1이라는 것을 관측했다. 이것이 훨씬 더 컸
다면 우주의 물질은 수축하여 블랙홀이 되었을 것이다. 훨씬
더 작았다면 물질은 은하와 별을 만들지 못했을 것이다. 그
런 우주에서는 관측자가 나타나지 못했을 것이다.

우주상수는 우주의 팽창을 가속시키기 때문에 물질이 은하로 뭉쳐지는 것을 방해한다. 관측 가능한 우주가 지금의 약 5분의 1이었던 은하 형성 시기 동안, 우주의 물질의 양보다 우주상수가 더 컸다면 은하가 만들어질 수 없었을 것이다. 당시 물질의 밀도는 지금보다 약 125배 더 컸고, 우주상수는 지금보다 10배에서 100배 이상 클 수 없었다.

인류원리에 기반을 둔 주장에 대한 주요한 반대는 항상 그것이 10배 이내의 범위에서 답을 준 적이 거의 없다는 것이다. 사실이다. 반면, 우주상수를 현재 값의 10배 정도로 제한하는 것은 8장에서 양자역학 계산으로 얻은 $10^{120}$배에 비하면 큰 진전이다.

많은 물리학자들은, 심지어 인류원리를 제안한 사람들조차도 인류원리에 기반을 둔 주장을 절박한 행동으로 간주한다. 우리의 정량적인 이론들이 끝내 추측이 되어버리는 시기에는 어쩔 수 없을 수도 있다. 복잡한 방정식들로 가득 찬 어떤 이론이 뭔가를 의미해야만 한다는 생각은 틀렸다. 인류원리는 자연의 법칙이 아니라 *원리*라는 것도 항상 염두에 두

어야 한다. 물리학의 역사에서는 많은 원리들이 우리의 생각
을 성공적인 이론으로 이끌어왔고, 어떤 것은 좀더 성공적이
었다. 우주론의 원리는 완벽한 사실은 아님에도 아주 성공적
인 것으로 밝혀졌다. 하지만 아름다움의 원리principle of beauty
를 어떻게 검증할 것인가? 물리학에서 아름다움은 종종 수
학적인 대칭으로—계가 규칙적인 경향이 있는 것—포장되
어 있다. 그리고 대칭 개념은 입자물리학에서 아주 성공적으
로 적용되었지만, 이제는 쓸모가 없어졌을지도 모른다.

유명한 최소 작용의 원리principle of least action는 물리학자
들 사이에 보편적으로 받아들여진다. 최소 작용의 원리는 두
점 사이의 가장 짧은 거리는 직선이고, 예를 들어 빛은 이 직
선을 따라 이동한다는 단순한 아이디어에서 나왔다. 이 원리
는 계의 에너지와 연관된 작용이라는 양을 최소화함으로써
어떤 이론의 방정식을 얻을 수 있다는 것이다. 역사적으로
최소 작용의 원리는 물리학에 혁명을 일으켰고, 모든 현대
이론들을 만들어내는 경로가 되었다. 경험으로 정확한 방정
식을 찾는 대신, 작용을 상정함으로써 경험을 최소화하여 이

론의 방정식을 만들어낸다. 아인슈타인은 작용에서 장 방정식을 유도하기까지는 자신의 일반상대성 이론이 완성된 것으로 생각하지 않았다. 양자중력 이론들도 역시 작용을 상정하는 것으로 시작한다. 하지만 최소 작용의 원리는 가끔 틀린 답을 준다는 것이 알려져 있다. 완전히 새로운 이론에서 작용을 상정하기만 했다면 정확한 방정식을 만들어냈는지 어떻게 알까? 특히 그 결과들을 실험으로 검증할 수 없다면?

\*

아름다움의 원리부터 최소 작용의 원리까지의 스펙트럼에서 인류원리는 아름다움의 원리에 더 가까이 있다. 더구나 나는 인류원리의 약한 버전으로 알려진 것을 논하고 있었다. 엄밀하지는 않지만 불합리해 보이지는 않는 것이다. 디키의 원래 질문에서처럼 이것은 그저 우주의 어떤 측면—우주의 나이—이 왜 지금처럼 관측되느냐라고 물은 것이다. 이것은 알려진 자연의 법칙을 그냥 그대로 가정한다. 인류원리의 강한 버전은 자연의 법칙들이 반드시 그래야만 한다고 선언한다. 특히, $G$나 $h$ 같은 자연의 기본 상수들이 우리가 측정하는 값을 가져야 한다는 것이다. 그렇지 않다면 우리가 아는 우주는 존재할 수 없다. 예를 들어, 상수들이 현재의 값과 많이 달랐다면 별은 만들어지지 않았고, 아마 생명체도 존재할 수 없었을 것이다.

물리학자들은 강한 인류원리를 더 받아들이기 어려워했다. 이것은 설계design라는 주장을 떠올리게 하기 때문이다. 우주의 위대한 시계장치는 설계자의 존재를 암시할 수밖에 없다는 것이다. 더구나 인류원리의 가장 강한 버전인 참여인류원리participactory anthropic priciple는 우주는 필연적으로 생명체를 만들어야 한다고 주장한다. 물리학자들은 대체로 목적론 같은 냄새를 풍기기 때문에 이런 생각을 싫어한다. 목적론이란 최종적인 목적을 위해 어떤 일이 일어난다는 믿음이다. 과학은 아리스토텔레스 이후로 목적론적인 주장의 반대 방향으로 움직여왔다.

*

    인류원리에 동의하지 않고는 다중우주나 끈 이론 풍경에서 어떻게 그럴듯한 우주를 선택해야 할지 불분명하다. 현재의 상태는 의심할 바 없이 이론가들의 상상력을 제한할 실험이나 관측이 부족하기 때문이다. 우리가 운 좋게 발전된 문명을 만든다 하더라도 실험실에서 우주를 만들어 다중우주와 인류원리를 검증하는 것은 어려운 일로 남을 것이다.

    더 새로운 되튕김 우주론이 플랑크 시간이나 빅뱅 이전 시기를 들여다볼 수 있게 해주기 전에는 그 시기에 무슨 일이 있어났는지 완전하게 이해하는 것은 불가능할 것이다. 우리의 이론들이 결국에는 일반적으로 관측 가능한 것으로의 부드러운 전환을 제공해주지 못한다면, 우리는 수학적 정합성과 확률과 아름다움이라는 모호한 개념에 의존할 수밖에 없게 될 수 있다.

    마찬가지로 물리학자들이 모든 것의 이론을 만들어낼 것 같지는 않다. 이 용어는 너무 심각하게 받아들여져서는 안 된다. 그것을 만들어내기 위해 시도하는 사람들조차도 사람들이 사랑에 빠지는 이유를 설명할 수 있다고 주장하지는 않을 것이다. 하지만 자연의 네 가지 힘을 통합한다는 제한된 목표만 해도 이것이 얼마나 유용할지는 분명하지 않다. 모든 것의 이론을 향한 경로에서 많은 통찰을 얻어왔지만, 많은 수의 과학자들이 그 노력을 원칙적으로 잘못된 것으로 간주한다.

가장 성공적인 이론들은 제한적인 분야에 적용 가능한 이론이다. 우주의 가장 초기에 무슨 일이 일어났는지에 관한 지식은 행성들의 궤도를 계산하는 데 전혀 쓸모가 없다. 아마도 과학의 가장 위대한 성과는 모든 것을 말하지 않고도 뭔가를 말할 수 있다는 것일 것이다. 그리고 모든 것의 이론이 불완전하게 남아 있을 것이라는 데는 의문의 여지가 없다. 10차원 끈 이론이 의심의 여지 없이 받아들여진다 하더라도 왜 10차원이냐는 의문은 풀리지 않은 채 남아 있을 것이다. 어떤 이론도 모든 것을 규정할 수 없다. 자연의 상수든 우주가 어떻게 시작되었는지에 대한 가정이든, 언제나 두 손

으로 직접 해야 할 것이 남아 있다. 대부분의 우주론자들은
자연의 궁극적인 의문을 풀기 위해서 연구하는 것이 아니라
그것에 가까이 가기 위해서 연구한다고 이야기할 것이다. 그
러니까 걱정 말고 마음을 편하게 가져라. 다음 세대의 우주
론자들이 걱정을 이어나갈 것이다.


**왜 아무것도 없지 않고 뭔가가 있을까?**

## 참고할 만한 책

이 책에 실린 주요 정보는 일반 대중을 대상으로 하지 않은 학술 논문과 세미나에서 얻은 것이다. 아래의 책과 논문은 모두 존경할 만한 물리학자들이 일반 대중을 위해 쓴 것들이다. 물론 가끔은 이 책보다 어려운 이야기가 담겨 있기도 하다.

1    일반상대성 이론의 실험적 근거에 관한 책. 최근에 개정되었다.
     Clifford M. Will and Nicholas Yunes, *Is Einstein Still Right?*(Oxford
     University Press, 2020).

2    빅뱅 핵합성에 관한 책. 대중 고전이다.
     Steven Weinberg, *The First Three Minutes: A Modern View of the*

*Origin of the Universe*(Basic Books, 1977); 신상진 옮김,《최초의 3분》
(양문, 2005).

3    현대 우주론에 관한 책. 어느 정도 사색적인 면도 있다.
Martin Rees, *Before the Beginning: Our Universe and Others*(Helix
Books, 1997); 한창우 옮김,《태초 그 이전》(해나무, 2003).

4    우주배경복사에 관한 책. 최근에 출간되었다.
Lyman Page, *The Little Book on Cosmology*(Princeton University Press,
2020).

5    인플레이션 이론에 관한 책. 믿을 만하다.
Alan H. Guth, *The Inflationary Universe: The Quest for a New
Theory of Cosmic Origin*(Basic Books, 1999)

6    인플레이션 이론과 끈 이론에 관한 책. 로저 펜로즈가 반대하는
내용이다.
Roser Penrose, *Fashion, Faith, And Fantasy in the New Physics of
the Universe*(Princeton University Press, 2016); 노태복 옮김,《유행, 신조,
그리고 공상》(승산, 2018).

7  끈 이론에 관한 책. 비교적 쉬운 개론서다.

Steven S. Gubser, *The Little Book of String Theory*(Princeton University Press, 2010).

8  양자중력의 연구에 관한 책(개인적인 시각).

Lee Smolin, *Three Roads to Quantum Gravity*(Basic Books, 2001);

김낙우 옮김, 《양자중력의 세 가지 길》(사이언스북스, 2007).

9  인류원리에 관한 책(거의 모든 사람이 이 주제를 궁금해할 것이다).

John D. Barrow and Frank J. Tipler, *The Anthropic Cosmological Principle*(Oxford University Press, 1986).

10  인플레이션 논쟁과 되튕김 우주론에 관한 논문.

Anna Ijjas, Paul Steinhardt, and Abraham Loeb, "Pop Goes the Unverse," *Scientific American*, January 2017.

Paul Steinhardt, "The Inflation Debate" *Scientific American,* April 2011.

11  암흑물질의 추적에 관한 논문.

Joshua Sokol, "Elena Aprile's Drive to Find Dark Matter,"

*Quanta*, December 20, 2016.

Daniel Bauer, "Searching for Dark Matter," *American Scientist*, September-October, 2018.


12  중력파와 마흐의 원리에 관한 논문.

Tony Rothman, "The Secret History of Gravitational Waves," *American Scientist*, March-April, 2018.

Tony Rothman, "The Forgotten Mystery of Inertia," *American Scientist*, November-December, 2017.

## 감사의 말

이 책을 비판적으로 검토한 스티븐 바운Stephen Boughn과 패티 비저Patti Wieser에게 깊은 감사를 전한다. 유익한 제안을 해준 익명의 검토자들에게도 감사의 말을 전한다. 물론, 아직 남아 있는 실수는 모두 내 책임이다.

# 찾아보기

**토니 로스먼**Tony Rothman

일반상대성 이론과 우주론을 전공한 이론물리학자이자 작가. 텍사스대학교
에서 박사 학위를 받았고, 그곳에 있는 상대성 이론 센터에서 공부했다. 프린
스턴대학교와 하버드대학교 등에서 물리학을 가르쳤고, 2019년 뉴욕대학교
탠던공과대학 교수직에서 은퇴했다. 주로 빅뱅, 블랙홀 및 관련 주제를 연구
해 80여 편의 논문을 집필했다. 우주 핵합성, 블랙홀, 인플레이션 우주론 및
중력자 연구에 기여했다는 평가를 받는다.

작가로도 대중 과학 및 과학사에 관한 책 6권을 비롯해 13권을 집필했다.《매
디슨가의 물리학자A Physicist on Madison Avenue》로 1991년 퓰리처상 후보에 올랐
으며, 수학자 후카가와 히데토시와 같이 쓴《신성한 수학: 일본 사원 기하학
Sacred Mathematics: Japanese Temple Geometry》로 미국출판협회로부터 2008년 PROSE
수학 전문 및 학술 우수상을 받았다.


**이강환**

천문학자. 여러 매체를 통해 사람들에게 과학을 알리는 일을 하고 있다. 달 착
륙 음모론, 백신 음모론 등 각종 음모론과 유사과학을 싫어한다.《빅뱅의 메
아리》《우주의 끝을 찾아서》등을 쓰고,《아시모프의 코스모스》《웰컴 투 더
유니버스》등을 번역했다.

# 빅뱅의 질문들

우주의 탄생과 진화에 관한 궁극의 물음 15

ⓒ 토니 로스먼, 2022

**초판 1쇄 인쇄** 2022년 10월 14일
**초판 1쇄 발행** 2022년 10월 21일

**지은이** 토니 로스먼
**옮긴이** 이강환
**펴낸이** 이상훈
**편집인** 김수영
**본부장** 정진항
**인문사회팀** 김경훈 권순범
**마케팅** 김한성 조재성 박신영 김효진 김애린
**사업지원** 정혜진 엄세영

**펴낸곳** (주)한겨레엔 www.hanibook.co.kr
**등록** 2006년 1월 4일 제313-2006-00003호
**주소** 서울시 마포구 창전로 70(신수동) 화수목빌딩 5층
**전화** 02) 6383-1602~3 **팩스** 02) 6383-1610
**대표메일** book@hanien.co.kr

ISBN 979-11-6040-516-3 03440